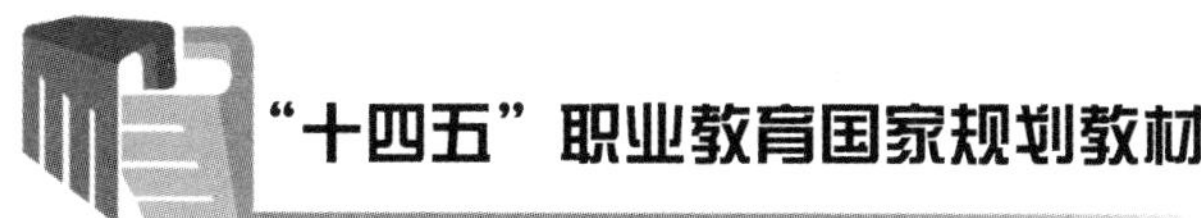

HTML5+CSS3 网页设计与制作案例教程

（第二版）

郭建东　主编

陆晓梅　刘红英　黄培泉　副主编

杨荣明　主审

科学出版社

北　京

内 容 简 介

本书是 Web 前端网页设计的基础性教材，结合“1+X”前端考证，介绍不同前端编辑器下 HTML5 网站和网页的创建，包括图文混排页面制作、多列布局的复杂页面制作和导航设计等；结合 CSS3 和 HTML5 的新特性，由浅入深讲解了 HTML5 表单制作、使用 CSS3 样式制作特效文字、过渡渐变和动画效果、HTML5 媒体应用技术、Bootstrap 响应式手机移动 APP 页面制作等内容，使读者全面理解和掌握基于 HTML5+CSS3 的前端页面设计与制作技术。本书还介绍了使用 Photoshop 制作按钮、导航等网页图片素材，并通过实例介绍网页版面效果图制作和切图技术；最后讲解了一个综合网站的制作过程。

由本书主编主讲，在“爱课程中国大学 MOOC”平台上开设的国家精品在线开放课程《网页设计基础》，采用了本书内容进行线上教学。另外，教材资源库网站提供了与本书关联的所有教学资源，包括案例视频、教学 PPT、案例源代码、素材图片、上机实训素材、授课计划、教学大纲、考核方案和混合式教学方案等。本书案例精选文字和图片素材，有机融入党的二十大精神和思政元素，适合作为高等职业院校、应用型本科院校网页设计课程的教材，也可作为网页设计和制作人员自学的参考用书。

图书在版编目（CIP）数据

HTML5+CSS3 网页设计与制作案例教程/郭建东主编. —2 版. —北京：科学出版社，2019.11（2024.12 修订）

ISBN 978-7-03-063387-3

I. ①H… II. ①郭… III. ①超文本标记语言-程序设计-教材 IV. ①TP312.8 ②TP393.092.2

中国版本图书馆 CIP 数据核字（2019）第 254661 号

责任编辑：孙露露 王会明/责任校对：赵丽杰

责任印制：吕春珉/封面设计：东方人华平面设计部

科学出版社 出版

北京东黄城根北街 16 号

邮政编码：100717

http://www.sciencep.com

三河市中晟雅豪印务有限公司 印刷

科学出版社发行 各地新华书店经销

*

2016 年 11 月第 一 版 开本：787×1092 1/16

2019 年 11 月第 二 版 印张：13 1/2

2024 年 12 月第十二次印刷 字数：297 000

定价：53.00 元

（如有印装质量问题，我社负责调换）

销售部电话 010-62136230 编辑部电话 010-62138978-2010

前　　言

HTML5 技术的发展，标志着新的 Web 时代来临。能够掌握通过 HTML5 结合 CSS3 样式制作出内容丰富、动态美观的网页等页面前端技术显得日趋重要。

本书结构合理、内容翔实，结合“1+X”前端考证内容，通过应用 HTML5 技术结合 CSS3 样式制作精美网页，使读者轻松快速掌握 Web 前端设计及网页图片素材设计的基本知识。本书以“高技能应用型人才”为培养目标，以案例讲解为主线，每一个案例知识点都融合在精美的网页制作中，案例选取的网页具有较强的应用性和示范性。每章后面都附有上机实训和模拟“1+X”前端考证的客观题，供读者课外练习巩固所学内容。读者可以访问与本书配套的“网页设计基础”精品课程（教材资源库）网站（http://jx.gdgm.cn/skills/wv/30764673）或科学出版社网站（http://www.abook.cn）获取所有教学资源，也可进入“爱课程中国大学 MOOC”的“网页设计基础”国家精品在线开放课程（https://www.icourse163.org/course/GDGM-1002536020）进行在线学习。

本书以项目任务形式安排教学内容，具体如下。

项目 1 创建网站和文本网页，通过 4 个任务分别介绍网页的基本概念，基本元素，在 Dreamweaver CC 和 HBuilder X 开发平台上创建网站、网页和样式表文件的操作。了解 HTML5 基本语法，掌握文字网页制作、CSS 文字和段落样式的设计等。

项目 2 图文混排页面制作，通过 3 个任务介绍 CSS 样式的基础知识，在网页中添加文本、图像等网页元素，制作一列布局和图文混排页面。

项目 3 多列布局页面制作，通过 3 个任务和实际案例深入介绍如何通过 CSS+Div+布局标签制作出复杂的网页页面。

项目 4 超链接与导航制作，通过 3 个任务介绍文字和图片的超链接，利用文字链接和列表项文字制作横向和竖向导航。

项目 5 表单页面制作，通过两个任务介绍 HTML5 的表单元素，包括 input 元素、无障碍访问表单元素等，再通过注册页面案例讲解表单元素的具体应用及 CSS 样式在表单元素中的应用。

项目 6 CSS3 样式基础，通过 5 个任务介绍 CSS3 样式及其在网页制作中的应用，包括文本特效、边框及阴影效果、背景渐变、过渡效果和动画效果制作等。

项目 7 HTML5 新特性与媒体应用，通过 4 个任务介绍 HTML5 新特性、新增元素和播放音频视频文件等。

项目 8 基于 Bootstrap 的响应式 Web 设计，通过 4 个任务介绍 HTML5 的 Bootstrap 框架基础及应用，包括介绍响应式 Web 设计、使用弹性盒布局创建手机移动 APP 页面、Bootstrap 栅格系统及组件应用等。

项目 9 Photoshop 网页界面设计，通过 4 个任务介绍利用 Photoshop 对网页中的图片素材进行修改，导航条、按钮等网页元素的制作，以及网页版面设计制作等内容。

项目 10 静态网站设计与制作，通过 3 个任务结合企业项目介绍一个综合网站实例的制作过程，包括网站的规划、整体设计、网页切图、主页和内容页的设计、网站的测试与发布等过程。

本书主要特点如下。

1. 教学配套资源丰富，方便读者使用

与本书配套的《网页设计基础》慕课于 2020 年被认定为国家精品在线开放课程（在“爱课程中国大学 MOOC”平台开设）。与本书配套的课程资源库网站《网页设计基础》于 2017 年立项为广东省精品在线开放课程，截止到 2021 年 11 月，该网站总访问量已超过 1.5 亿人次。丰富的课程教学资源为开展混合式教学提供了条件，本书主编围绕该课程开展的混合式教学创新实践成果在 2019 年获得广东省教育教学成果一等奖。课程资源库和国家精品在线开放课程网站提供的教学资源包括案例视频、教学 PPT、案例源代码、素材图片、上机实训素材、授课计划、教学大纲、考核方案和混合式教学方案等；给学有余力的读者提供了课程拓展学习资源、各类项目资源库（如导航库、播放器库、样式库、优秀项目作品）等，并针对这些资源录制了教学视频，另外还提供了网页开发标准与规范、在线测试链接等课程资源。

2. 配套“1+X”前端考证，并体现新知识、新技术、新应用

本书以案例为引导，理论知识贯穿其中，融“教、学、做”为一体，融艺术与技术于一体，强化学生能力培养；引入网页设计前端的新知识、新技术、新应用和“1+X”前端考证知识，使知识内容与企业需求无缝衔接；上机实训项目来源于真实互联网网页仿真，培养学生的技能应用能力和创新能力。

3. 教材融合思政育人于一体，并有机融入党的二十大精神

本书每个项目均标明思政目标，每个项目案例中的文字和图片都经过精心制作和挑选，素材内容包括工匠精神、科技发展、乡村建设、现代诗词散文、古代诗词曲赋等，使专业知识与思政育人相融合。

4. 教材具有先进性

本书属于融媒体教材，书中提供的二维码分别链接到 80 个微课教学视频、25 个优秀项目资源库和 50 个其他拓展资源库等课程资源，读者通过扫描书中二维码可在线浏览各类资源。

本书由广东工贸职业技术学院郭建东担任主编，广东工程职业技术学院陆晓梅、广州工商学院刘红英和广东工贸职业技术学院黄培泉担任副主编。其中，项目 1 由郭建东和黄培泉共同编写，项目 2~项目 5、项目 9~项目 10 由郭建东编写，项目 6 由刘红英编写，项目 7~项目 8 由陆晓梅编写。企业高级项目经理杨荣明参与项目代码的审核并提供指导意见，全书由郭建东统稿。

由于编者水平所限，书中疏漏和错误之处在所难免，欢迎广大读者批评指正。

目　　录

项目 1 创建网站和文本网页

知识目标

1. 了解网页的相关概念
2. 了解网页前端常用工具
3. 使用前端开发工具创建网站和网页
4. 初步了解 CSS 样式

能力目标

1. 能够创建和管理网站
2. 掌握不同开发平台下网页的创建方式，并在网页中添加文字元素
3. 能够使用 CSS 修改网页文字和段落的样式，美化网页

思政目标

树立专业自信，了解工匠精神内涵

任务1.1 了解网页的相关概念

任务描述：了解网站、网页、网址等相关概念，了解网页的分类及网页的基本元素等。

子任务 1.1.1 了解网页的基本概念

1. 网页

网页以网络为载体向全球用户传播信息和共享资源，是网页设计、网络技术和媒体技术等多学科知识融合交叉运用的结果。网页一般由文字、图片等组成，复杂的网页包括声音、视频、动画等多媒体信息。网页追求实用性，同时也追求美观性，美观实用是网页设计者的追求。

2. 网站

网站是通过网络技术展示特定内容的网页的集合。十八大以来的新时代十年，网络技术得到迅猛发展，促进了电子商务网站的发展，扩展了网站的功能。网站按内容可分为如下几种类型。

- 展示企事业单位形象和公开信息的网站，如学校网站。
- 从事电子商务活动的网站，如华为商城、京东商城、淘宝及各类团购网站等。
- 综合信息门户网站，如新浪、腾讯等。
- 娱乐休闲类网站，如游戏网站、交友网站、博客网站、论坛、聊天室等。
- 行业网站，如房地产网站、中国中小企业信息网等。

3. 浏览器

用户通过安装在计算机上的各种类型的浏览器阅读网页信息，目前常用的有IE 浏览器（Internet Explorer）、Chrome 浏览器、Firefox 浏览器、Safari 浏览器、360 浏览器、搜狗浏览器、QQ 浏览器等。

4. 网址 URL

URL（uniform resource locator，统一资源定位地址）指出文件在 Internet 中的位置。一个完整的 URL 地址由通信协议名、Web 服务器地址、文件在服务器中的路径和文件名四部分组成。

5. 网页的分类

在网页设计中，通常将网页分为静态网页和动态网页。静态网页是相对动态网页而言，是指没有后台数据库、不与服务器端交互的网页。CSS3 样式支持的静态网页也可以呈现各种动态的效果，如滚动字幕、动画图片等。动态网页以数据库技术为基础，可以大大减少网站维护的工作量。

子任务 1.1.2 了解网页的基本元素

网页元素按作用可分为网页标题、页眉、导航栏、内容区和页脚等。

1. 网页标题

网页的标题显示在浏览器窗口的标题栏中，用于标识网页的内容。网页标题设计要包含关键字，标题设计恰当可以提高网页在搜索引擎上的曝光率。

2. 页眉

传统的网页布局通常分为上、中、下三部分，上面部分便为页眉，通常将网站的标志、宣传口号、广告等放在页眉处，一些综合门户网站也把导航、登录、注册等放在页眉处。

3. 导航栏

导航栏是网页的重要组成部分，用于引导用户快速进入网站各个主题内容页面，实现站内页面之间的跳转。导航栏可以是文字链接，也可以通过图片、代码实现链接功能。导航栏一般分为横向导航栏和纵向导航栏，横向导航栏一般位于页眉下面、页眉内或页眉顶部，纵向导航栏可放在内容区左侧或右侧。根据导航的展开形式，可分为一级导航、二级导航和多级导航。导航栏设计要方便用户点击访问，不影响页面美观，能够通过导航栏链接访问到网站中的每一个页面。

4. 内容区

内容区是网页的主体元素，主要由文字、图片组成。根据网站的主题，还可添加声音、视频、各类动画等多媒体素材。

5. 页脚

页脚位于网页的底端部分，通常用于放置版权、联系方式等辅助信息。

此外，网页根据需要还可添加功能区、广告区、友情链接等辅助内容。

任务1.2 了解网页前端开发工具

任务描述：了解当前常用的网页前端开发工具，掌握使用 Dreamweaver 和 HbuilderX 开发平台进行网站和网页创建的方法。

子任务 1.2.1 了解常用的网页前端开发工具

目前主流的前端开发工具包括 Dreamweaver、Hbuilder X、Sublime、WebStorm、Brackets、VS 等集成开发环境（integrated development environment，IDE）。

1. Dreamweaver

Adobe Dreamweaver 是由 Adobe 公司开发的网站开发工具，是一个全面的、专业的、可用于设计并部署网站和 Web 应用程序的工具集。它提供强大的编码环境以及功能强大且基于标准的可见即可得的设计界面。Adobe Dreamweaver CC 版使用简化的用户接口、连接的工具以及新增的可视化 CSS（cascading style sheets，层叠样式表）编辑工具，可通过直觉方式更有效地编写程序代码，提供直觉式的视觉效果界面，可用于建立及编辑网站，并提供与最新的网络标准相容性，同时对 HTML5/CSS3 和 jQuery 提供顶级的支持。为 Windows 提供多显示器支持。提供 Git 支持的增强功能，包括测试远程连接、保存凭据、在 Git 面板中搜索文件等功能。

2. HBuilder X

HBuilder X 是 DCloud（数字天堂）推出的一款支持 HTML5 的 Web 开发集成开发环境。HBuilder X 提供了快捷键语法提示，通过完整的语法提示和代码输入法、代码块等，大幅提升 HTML、JS、CSS 的开发效率。HBuilder X 同时兼容 Eclipse 插件和 Ruby Bundle。

3. Sublime

Sublime Text 是一个文本编辑器，也是一个先进的跨平台代码编辑器。Sublime Text 是由程序员 Jon Skinner 于 2008 年 1 月开发出来的，具有漂亮的用户界面和强大的功能，如代码缩略图、Python 插件、代码段等。还可自定义快捷键绑定菜单和工具栏。Sublime Text 的主要功能包括：拼写检查、书签、完整的 Python API、Goto 功能、即时项目切换、多选择、多窗口等。Sublime Text 是一个跨平台的编辑器，同时支持 Windows、Linux、Mac OS X 等操作系统。

4. WebStorm

WebStorm 是 JetBrains 公司旗下的一款 JavaScript 开发工具。目前已经被中国广大 JS 开发者誉为“Web 前端开发神器”“最强大的 HTML5 编辑器”“最智能的 JavaScript IDE”等，继承了 IntelliJ IDEA 强大的 JS 部分的功能，对流行框架提供高级支持，新版的开发平台提供了开发 Web 应用的 HTML5 样板。开发者可以在创建 HTML 文档时获得对 HTML5 文件的支持。WebStorm 具有智能代码补全、HTML 代码提示、联想查询、代码重构、代码折叠等功能。

子任务 1.2.2　基于 Dreamweaver 平台的网站创建与管理

1.2.2.1　Dreamweaver CC 开发平台工作区介绍

Dreamweaver CC 2019 包含一个全新的界面，支持最新的 HTML5 和 CSS3，可见即所得的界面适合作为网页设计入门的首选工具，也给专业网页设计者提供了一个 Web 应用程序开发、前端设计的良好平台。Dreamweaver CC 2019 工作区界面如图 1-1 所示。

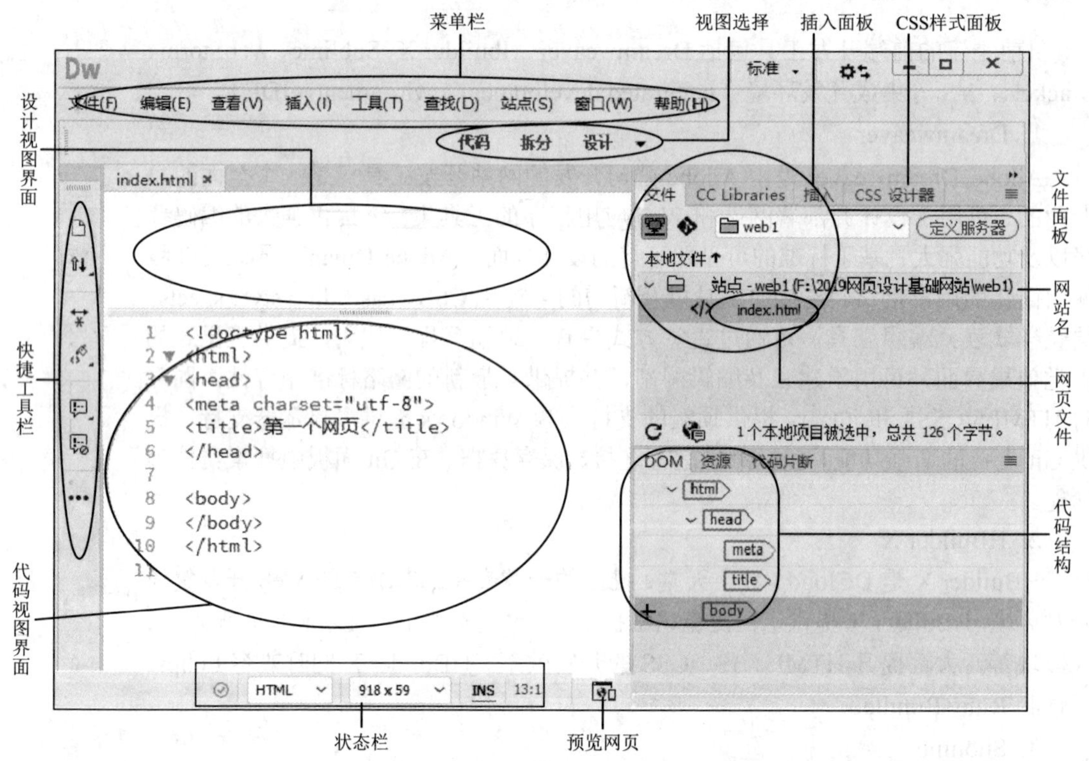

图 1-1　Dreamweaver CC 2019 工作区界面

1. 菜单栏

菜单栏包括“文件”“编辑”“查看”“插入”“工具”“查找”“站点”“窗口”“帮助”等，包含了网页编辑的大部分操作命令。

- “文件”菜单：用于对网站中的文档进行基本的操作与管理，如新建、打开、另存为、附加样式表等。
- “编辑”菜单：用于对网页文档进行编辑、修改等操作，如查找、剪切、代码折叠、图像编辑、首选参数设置等。
- “查看”菜单：用于设置工作界面的显示方式，如代码视图模式、拆分视图模式、实时视图模式等。
- “插入”菜单：提供“插入栏”的扩充项，用于将合适的对象插入当前文档，如插入图像、表格、HTML 和 HTML5 标签、表单对象、Bootstrap 组件等。

- “工具”菜单：提供编译命令，清理 HTML 不规范代码命令、模板和库管理等。
- “查找”菜单：用于当前文档的查找等。
- “站点”菜单：用于创建和管理站点，包括上传网站、检查站点链接、重建站点缓存等。
- “窗口”菜单：用于显示和隐藏 Dreamweaver 中的面板和窗口，如“插入”面板、“属性”面板、“文件”面板等；另外，可将工作区布局调整为标准布局或开发人员工作区布局等。
- “帮助”菜单：提供 Dreamweaver 使用教程和 Adobe 在线论坛及更新等帮助信息。

2. 文档窗口及视图选择

文档窗口显示当前编辑的网页文档内容，可分别在 “代码视图”“拆分视图”“设计视图”“实时视图”中查看文档。

- 代码视图：可以在代码视图中手工编写 HTML、HTML5、CSS 样式、JavaScript 等代码，实现网页开发或查看网页代码。
- 拆分视图：同时展示一个文档的代码视图和设计视图。
- 设计视图：可见即可得的设计界面，让用户在可视化界面中快速进行网页开发。
- 实时视图：提供页面在某一浏览器中呈现的非可编辑的、更逼真的外观，在不必离开 Dreamweaver 工作区的情况下提供另一种实时查看页面外观的方式。

3. 状态栏

状态栏位于文档窗口底部，提供与正在创建的文档有关的其他信息。

4. “属性”面板

“属性”面板会随着编辑内容的变化而变化，用于设置页面上正在编辑的内容的属性。“属性”面板是一个可活动的面板，在需要时可将其从窗口菜单调出。通过“属性”面板可以快速引用 CSS 样式。

5. 面板组

面板组包括除了“属性”面板外的其他浮动面板，如“文件”“资源”“CSS 设计器”“DOM”“插入”等面板。可以通过“窗口”菜单选择隐藏或显示这些面板。以“插入”面板为例，如图 1-1 所示，第一次启动 Dreamweaver CC 2019 时，“插入”面板默认浮动在界面右侧，可将其拖到菜单栏下变成工具栏面板，如图 1-2 所示。

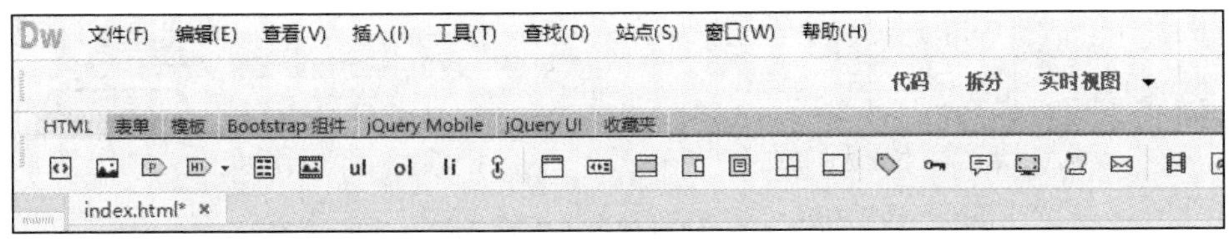

图 1-2 改变“插入”面板的停靠位置使其变成水平工具栏

1.2.2.2 基于 Dreamweaver CC 的网站创建与管理

1. 创建站点

使用 Dreamweaver 平台创建和管理网站

选择“站点”→“新建站点”命令，弹出如图 1-3 所示对话框，在“站点名称”文本框中输入所建网站的名称，如 ch01，在“本地站点文件夹”文本框中输入网站存放的路径，如 F:\ch01，如果 F 盘下没有 ch01 文件夹，则自动创建一个文件夹作为网站文件夹。也可以单击“本地站点文件夹”文本框右边的“浏览文件夹”按钮选择存放网站的文件夹。单击“保存”按钮，完成网站的创建。

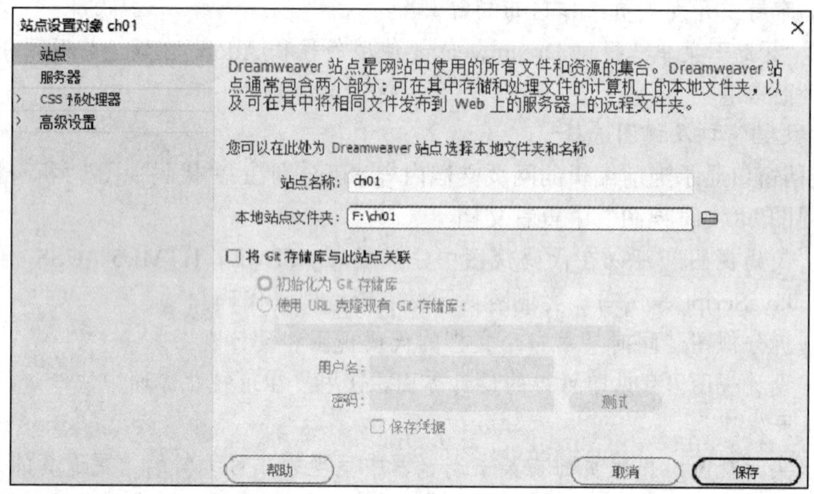

图 1-3 新建站点对话框

2. 管理站点

选择“站点”→“管理站点”命令，弹出如图 1-4 所示的“管理站点”对话框（在此对话框中也可进行新建站点的操作）。选中 ch01 站点，单击“编辑”按钮，可对站点名称和站点保存路径进行修改。网站路径更改后，在“文件”面板中显示更改后的新路径下的网站内容。

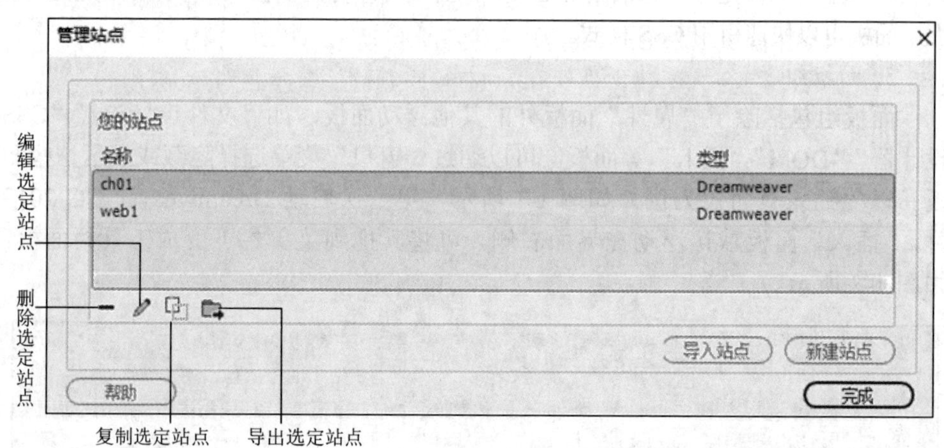

图 1-4 “管理站点”对话框

另外，还可通过“删除”“复制”按钮对网站进行删除和复制操作。

在图 1-3 所示的对话框中单击“高级设置”，可看到如图 1-5 所示的站点高级设置选项，包括“本地信息”“遮盖”“设计备注”“文件视图列”“Contribute”“模板”“Bootstrap”“Web 字体”等，可根据需要进行相应的设置。

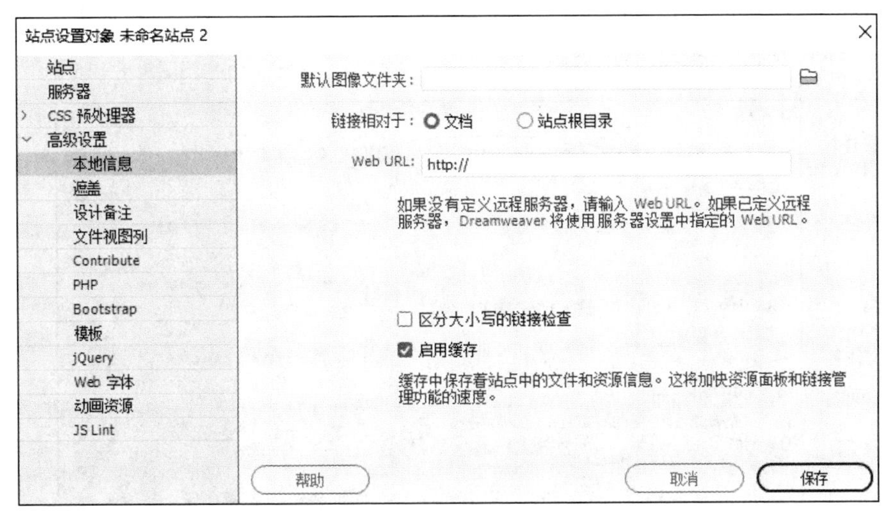

图 1-5 站点高级设置选项

3. 利用快捷菜单创建网页和文件夹

在“文件”面板中右击网站名，在弹出的快捷菜单中选择“新建文件”命令，如图 1-6 所示，添加默认的 HTML 文件，所建文件将自动出现在网站中，重命名该网页文件。如果在图 1-6 中选择“新建文件夹”命令，则可在网站中创建一个文件夹。

4. 通过菜单创建网页

选择“文件”→“新建”命令，弹出如图 1-7 所示的“新建文档”对话框。左边栏中可选择“新建文档”选项，在文档类型中选择 HTML 文件类型，在右侧的“框架”一栏中选择“HTML5”文档类型，单击“创建”按钮，新建 HTML 网页文件，文件默认名为 Untitled-1，文件不会自动出现在站点中，需要选择“文件”→“保存”命令把新建文件保存为 HTML 类型，重命名为 index1.html。

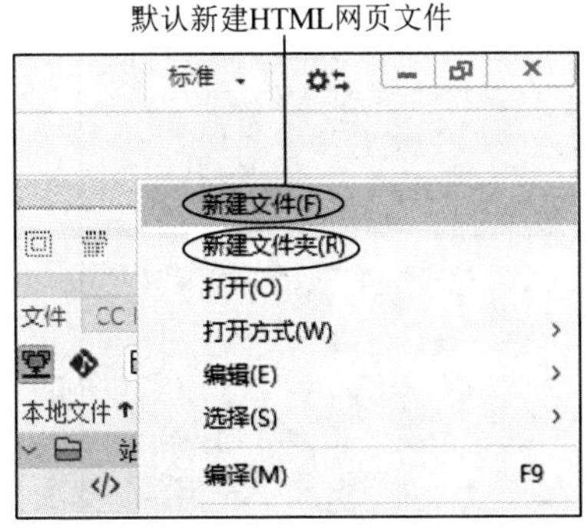

图 1-6 利用快捷菜单创建网页和文件夹

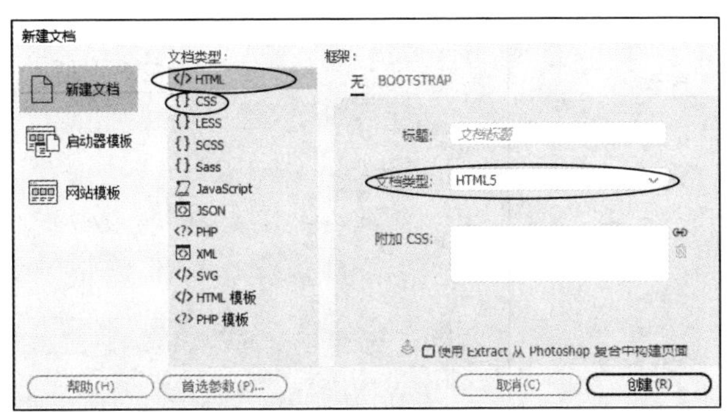

图 1-7 通过“文件”菜单创建网页

5. 创建 CSS 样式表文件

在图 1-7 所示对话框中的“文档类型”下拉列表中选择 CSS，单击“创建”按钮可创建一个 CSS 样式表文件，该样式表文件默认没有后缀名，也不会自动出现在网站中，需要通过“文件”菜单的“保存”或“另存为”命令将样式表文件保存到网站的 css 文件夹中，“另存为”对话框如图 1-8 所示，选择保存类型为 css 类型，样式表文件名为 style.css。

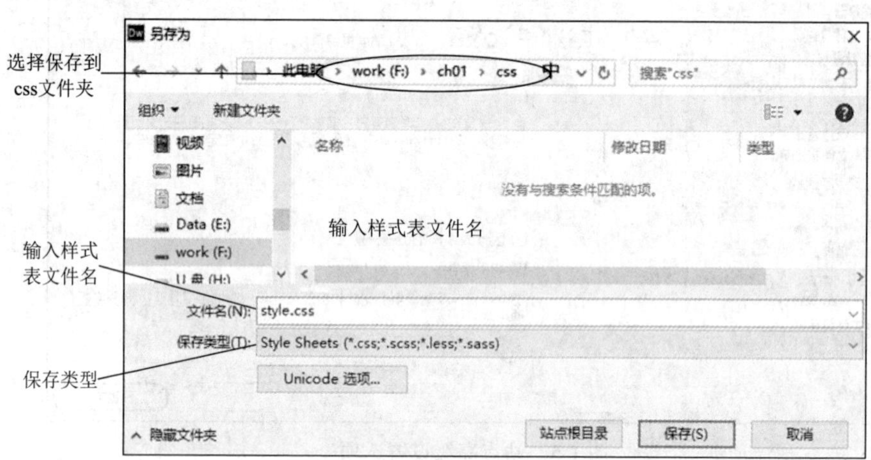

图 1-8　保存样式表文件

子任务 1.2.3　基于 HBuilder X 平台网站项目的创建

1.2.3.1　HBuilder X 开发平台工作区介绍

启动 HBuilder X 软件，进入如图 1-9 所示工作区界面。左侧显示网站，右侧为代码编辑区，菜单栏包括“文件”“编辑”“选择”“查找”“跳转”“运行”“发行”“视图”“工具”“帮助”等，包含了网页编辑的大部分操作命令。

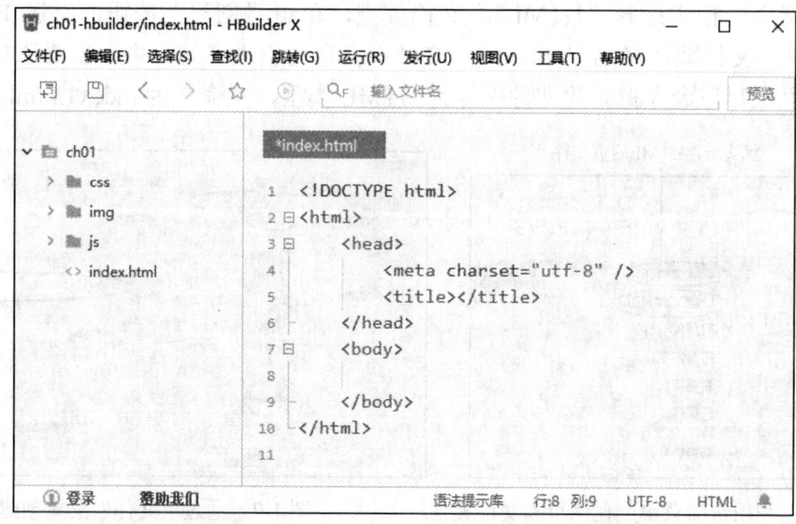

图 1-9　HBuilder X 开发平台工作区界面

主要菜单如下。

- “文件”菜单：用于对网站中的文档进行基本的操作与管理，如新建、打开、另存为、标签卡、添加收藏、导入其他项目等。
- “编辑”菜单：用于对网页文档进行编辑，如复制、剪切、合并为一行、注释、缩进、大小写转换等。
- “选择”菜单：提供全选、选相同词、选相连词、向上/向下选等功能。
- “查找”菜单：用于进行字符串查找、替换等操作。
- “运行”菜单：提供运行到浏览器、运行到手机模拟器、运行到小程序等操作。
- “发行”菜单：用于发布App、小程序、Web应用等。
- “工具”菜单：用于自定义代码块、插件设置等。
- “帮助”菜单：提供入门教程、在线论坛及更新等帮助信息。

1.2.3.2　HBuilder X项目的创建

1. 创建HBuilder X项目

选择“文件”→“新建”→“1.项目”命令，如图1-10所示，弹出如图1-11所示的“新建项目”对话框。

使用HBuilder X创建网站项目

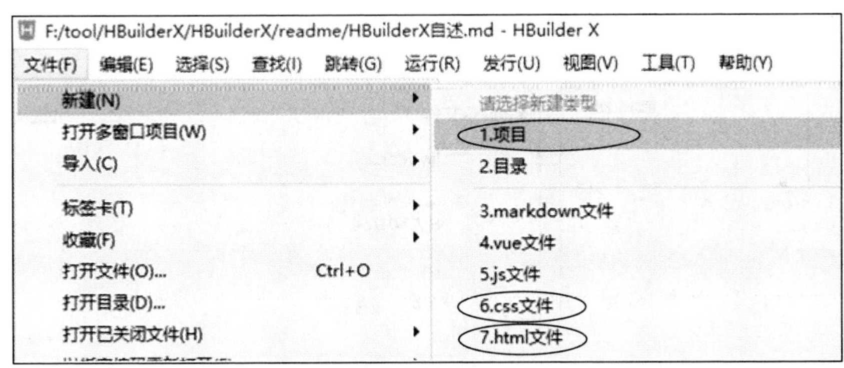

图1-10　新建项目

在图1-11中，选中“普通项目”单选按钮，在“项目名称”文本框中输入项目站名称，如ch01，在“浏览”栏选择保存项目的路径，在“选择模板”区域选择“基本HTML项目”，单击“创建”按钮，即可创建一个名为ch01的网站，在ch01网站文件夹中，包括了网页主页文件index.html，另外还同时创建了css样式表文件夹、img图片文件夹和js脚本文件夹，网站栏目结构如图1-9左侧栏所示。

HBuilder X开发平台不提供专门的项目管理菜单，网站项目的重命名、删除、复制等操作可通过直接对网站文件夹进行操作来实现。

2. 创建HTML网页

在HBuilder X开发平台中，选择要添加的网站，选择“文件”→“新建”→“7.html文件”命令，弹出如图1-12所示对话框，输入网页名称后便可创建一个网页文件。

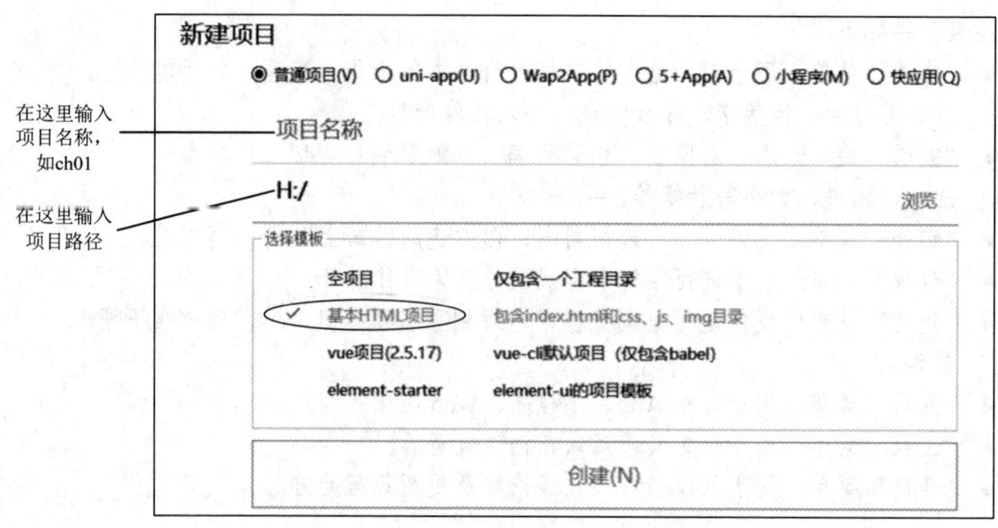

图 1-11　创建 HTML 网站项目

3. 创建 CSS 样式表文件

在 HBuilder X 开发平台中，选择 css 样式表文件夹，选择“文件”→“新建”→“6.css 文件”命令，弹出如图 1-13 所示对话框，输入样式表文件名称后便可在 css 文件夹中创建一个样式表文件。

图 1-12　创建 HTML 网页

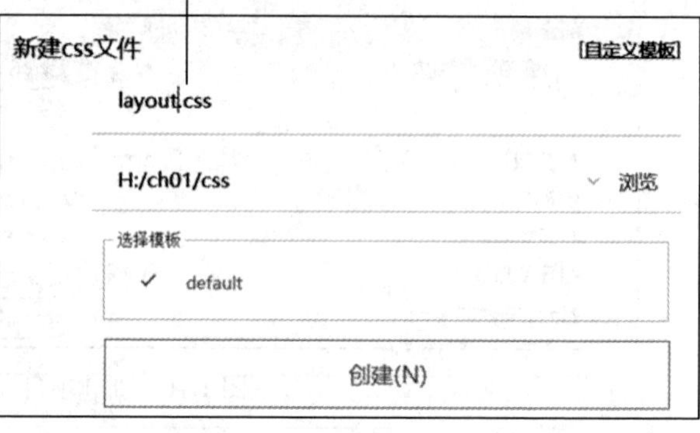

图 1-13　创建 css 样式表文件

任务1.3　掌握 HTML5 基本语法

任务描述：了解基于 HTML5 的网页的基本结构、掌握 HTML 语法中文本和段落相关元素，掌握内联元素和块元素的区别。

子任务 1.3.1　掌握网页的基本结构

网页的基本结构

一个完整的 HTML 文件由 doctype、html、head 头部信息、title 标题、meta 标签、body 内容区等各种对象组成。这些对象统称为元素，HTML 使用标记来分隔并描述这些元素。实际上，整个 HTML 文件就是由元素与标签组成的。

在网站中新建一个 HTML 文件，结构如下：

```
<!doctype html>
<html>
<head>
<meta charset="utf-8"/>
<title>这里添加网页标题</title>
</head>

<body>
  这里添加网页内容
</body>
</html>
```

从上面的代码可以看出，HTML 代码主要分为六个部分，其中各部分含义如下。

1. <doctype> 标签

所有的 HTML 和 XHTML 页面都应当使用 <! doctype> 元素来定义遵照何种 HTML 版本。

2. <html>标签

<html>…</html>：告诉浏览器 HTML 文件开始和结束的位置，当浏览器遇到<html>标签，会按照 HTML 标准解释后面的文本，遇到</html>就停止解释。

<html>文件包括文件头<head>标签和文件主体<body>标签。HTML 文档中所有的内容都应该在这两个标签之间，一个 HTML 文档总是以<html>开始，以</html>结束。

3. <head>标签

<head>标签是所有头部元素的容器，至少包括一个 title 元素和一个 meta 元素。<head>内的元素可包含脚本样式等元素，指示浏览器在何处可以找到样式表、提供元信息等，如表 1-1 所示，标签<title>、<base>、<link>、<meta>、<script>和<style>等可以添加到<head>标签。

表 1-1　<head>标签可包含的元素

元素	描述	元素	描述
<title>	定义文档标题	<base>	定义本网页中超链接的基本路径
<meta>	描述非 HTML 标准的一些文档信息	<script>	定义脚本内容
<link>	描述当前文档同其他文档之间的链接关系	<style>	定义样式表内容

4. <title>标签

<title>标签是最重要的 HTML 标签之一，其主要功能是描述网页的标题内容。

合理设置<title>标签可提升网站的品质，这是因为它在搜索引擎结果列表、网页窗口的标题栏，以及用户的书签或收藏夹中是可见的。

<title>标签的设置有如下要求。

1）标题应当尽量简短，并具有可描述性。当某个用户在 Internet 上搜索网站时，大部分搜索引擎都会在搜索结果中显示出网站的标题，需要确保标题与网页的内容是吻合的，这样可提高用户通过单击这些链接来访问网站的可能性。

2）当用户访问网站时，标题在窗口的标题栏中是可见的。可确保即使窗口被最小化，标题同样能起到描述网站内容的作用。

3）在用户访问网站之后，网页的标题会存储于历史文件夹中，用户甚至会把网页收藏到收藏夹中。为了后续的成功访问，同样需要确保标题可以清楚地描述网站。

标题示例代码如下：

```
<title>网页设计案例教程</title>
```

5. <meta> 标签

<meta>标签提供关于 HTML 文档的元数据（metadata)。元数据是关于数据的信息，元数据不会显示在页面上，但是对于机器是可读的，是一个自封闭标签，以“<meta”开始，以“/>”结束。

典型的情况是，meta 元素被用于规定页面的描述、关键词、文档的作者、最后修改时间以及其他元数据。

<meta>标签始终位于 head 元素中。

元数据可用于浏览器（如何显示内容或重新加载页面)、搜索引擎（关键词）或其他 Web 服务。一些搜索引擎会利用 meta 元素的 name 和 content 属性来索引页面。

1）向浏览器传递文件信息，代码如下：

```
<meta charset="utf-8"/>
```

utf-8 代表浏览器使用的 utf-8 国际标准的字符集解析网页。中文字符集可以用 GB 2312—1980 码或带繁体的 GBK 字符集进行解析。

2）刷新页面，用来自动刷新网页，content 表示等待时间，单位为“秒”；URL 值为跳转网页。例如，编写一个网页，要求 3 秒钟后自动跳转到 URL 指定的网页，代码如下：

```
<meta http-equiv="refresh" content="3;URL= http://www.sciencep.
com"/>
```

3）定义页面的描述说明文字，代码如下：

```
<meta name="description" content="网页设计基础教程，html、css入门" />
```

4）插入作者信息，代码如下：

```
<meta name="author" content="***"/>/*其中“***”可以用来输入作者的姓名*/
```

5）定义页面的关键词便于搜索引擎搜索，代码如下：

```
<meta name="keywords" content="低碳发展，生态保护"/>
```

6. <body>标签

<body>用来指明文档的主体区域，网页所要显示的内容都放在这个标签内，其结束标签</body>指明主体区域的结束。在此标签对之间可包含如下用作页面布局的元素，它们所定义的文本、图像等将会在浏览器的框内显示出来。

- 层标签<div>…</div>: 在网页中创建一个常规结构区域，是一个通用的块元素，可以包括任何 HTML 内容显示元素，如 header、footer、article、main、section 等。
- 头部标签<header>…</header>: 通常用于网页的头部区域，可包含一个或多个标题元素（h1～h6)、div、nav 导航元素等。

- 主体标签<main>…</main>：用于网页文档的主要内容区域，每个网页只能有一个 main 元素，可以包含 article、section、div 等显示元素。
- 文章标签<article>…</article>：通常适用于博客、新闻文章或论坛信息等，经常包含标题（h1 ~ h6）、header 和 footer 等元素。
- 节标签<section>…</section>：定义文档中的节，比如章节、页眉、页脚或文档中的其他部分内容等，经常包含标题元素（h1 ~ h6）、段落元素 p 等。
- 页脚标签<footer>…</footer>：通常用于网页的页脚区域，里面也可以添加 article、div 等元素。
- 旁注或侧栏标签<aside>…</aside>：可以包含 header、footer、section、div 等显示元素。
- 段落标签<p>…</p>：用于文字分段。

子任务 1.3.2　熟练掌握 HTML 中的文本元素的编写

网页中最重要的元素是文本元素，HTML 语法中定义了各类适用于文本管理的标签。

网页中的文本元素

1. 段落与换行标签

1）<p>…</p>标签用来创建一个段落，在此标签之间加入的文本将按照段落的格式显示在浏览器上。另外，<p>标签还可以使用 align 内联属性来说明对齐方式，语法是：<p align="">…</p>。align 属性的值有 left（左对齐）、center（居中）和 right（右对齐）三种。

例如：

```
<p align="center">人与自然和谐共生</p>
```

2）
标签。采用<p>标签换行分段将会产生一个空白行间距，而
标签仅创建一个回车换行，保留了原来的行间距。

提　示

- 如果把
加在<p>…</p>标签的外边，将创建一个大的回车换行，即
前边和后边的文本的行与行之间的距离比较大。
- 如果把
加在<p>…</p>标签的里边，则
前边和后边的文本的行与行之间的距离比较小。

2. 文本标签

常用的文本标签有如下几种。

- 加粗：<b>要加粗的文本</b>或<strong>要加粗的文本</strong>。
- 斜体：<i>要倾斜的文本</i>或<em>要倾斜的文本</em>。
- 下划线：<u>下划线文本</u>，容易混淆为列表或超链接，不建议使用。
- 缩进段落：<blockquote>段落</blockquote>，与段落标签<p>类似，但会左右各缩进 5 个字符，可嵌套使用。
- 预格式化：<pre>…</pre>标签，HTML 文件会忽略<pre>…</pre>标签内

的空格和换行符，使用<pre>…</pre>标签可以按照原样显示文本，实现“所见即所得”。

3. 排序列表

文本可以用列表的形式进行展示，分为排序列表、不排序列表和自定义列表三种形式。在排序列表中，每个列表项前面以数字表示顺序，以<ol>标签表示排序列表开始，以<li>…</li>标签罗列列表项，以</ol>标签表示排序列表结束。

```
<p>让世界感叹的中国“新四大发明”</p>
<ol>
    <li>高铁</li>
    <li>扫码支付</li>
    <li>共享单车</li>
    <li>网购</li>
</ol>
```

4. 不排序列表

不排序列表不用数字标记每个列表项，而采用一个符号标记每个列表项，如圆黑点。它以<ul>标签表示不排序列表开始，以<li>…</li>标签罗列列表项，以</ul>表示不排序列表结束。

```
<p>中国古代对世界具有很大影响的四种发明</p>
<ul>
    <li>造纸术</li>
    <li>指南针</li>
    <li>火药</li>
    <li>印刷术</li>
</ul>
```

5. 自定义列表

自定义列表通常用于术语的定义。以<dl>标签表示自定义列表开始，列表中的每一项都以<dt>标签开始，代表一项的小标题，每一项解释都以<dd>标签开始。<dd>…</dd>里的文字缩进显示。

```
<p>十八大以来，新时代十年的伟大变革</p>
<dl>
    <dt> 1.推动构建新发展格局，促进战略性新兴产业发展壮大</dt>
        <dd>1.1载人航天、探月探火</dd>
        <dd>1.2深海深地探测 </dd>
        <dd>1.3大飞机制造、超级计算机等</dd>
    <dt> 2.坚持绿水青山就是金山银山的理念</dt>
        <dd>2.1山水林田湖草沙一体化保护和系统治理</dd>
        <dd>2.2加强生态环境保护 </dd>
        <dd>2.3健全生态文明制度体系等</dd>
</dl>
```

6. 水平线标签

在网页中添加水平线的标签为<hr/>，可分别设计线条粗细、对齐方式、线条长度和颜色，示例代码如下：

```
<hr [size="线条粗细" align="对齐方式" length="线条长度" color="颜色"]/>
```

7. 注释标签

在 HTML 文件里，可以写代码注释，解释说明代码，有助于更好地理解代码。注释写在<!--注释内容-->中。浏览器是忽略注释的，但会在 HTML 正文中看到注释。

注　意

在 CSS 样式表文件里，注释符号写在/*-------*/里。

子任务 1.3.3　理解 HTML 块元素与内联元素

1. HTML 块元素

大多数 HTML 元素被定义为块级元素或内联元素。

块级元素在浏览器显示时，通常会以新行来开始和结束。一般可对块元素设置宽度和高度，设置水平对齐等属性，主要的块级元素如下。

1）<h1>、<h2>、<h3>等标题标签。

2）<p>、
段落标签。

3）<ul>、<ol>、<li>等列表标签。

4）<table>、<tr>表格标签。

5）<div>层标签，可以取代段落<p>、标题<h1>、布局表格等块级元素。

6）<header>、<footer>、<article>、<section>、<nav>、<asider>、<main>等页面布局元素。

2. HTML 内联元素

HTML 内联元素在显示时通常不会以新行开始，主要的内联元素如下。

1）<span>行内样式标签。

2）<img>图片标签。

3）<a>链接标签。

4）<b>、<td>、<i>、<em>、<u>、<strong>等，这些内联元素标签可被<span>取代。

3. 块元素与内联元素的转换

大部分的内联元素可以通过将显示模式 display 的属性值设置为 block 后转换成块元素使用。部分块元素也可以通过将模式 display 的属性值设置为 inline 而使块元素具备内联元素的特征。

任务1.4　创建文本网页，并使用 CSS 样式修饰网页

任务描述：学会在网页中添加文字、使用 CSS 样式定义文字和段落的相关样式，并在网页中应用。

子任务 1.4.1　在网页中添加文字

在网页中添加文字有如下方式。

1. 直接输入文本内容

打开网页文档，在拆分视图界面中定位好光标位置，直接通过键盘方式输入文本。

2. 复制和粘贴

打开网页文档，复制一些文本字符，然后将鼠标光标定位到需要插入文本的位置，选择“编辑”→“选择性粘贴”命令，弹出如图 1-14 所示对话框，选择粘贴格式后把文本粘贴到网页，或通过快捷菜单命令完成复制和粘贴。

也可以将从其他文档或网页中复制的字符先复制到记事本上去掉格式设置，然后再复制到网页中。

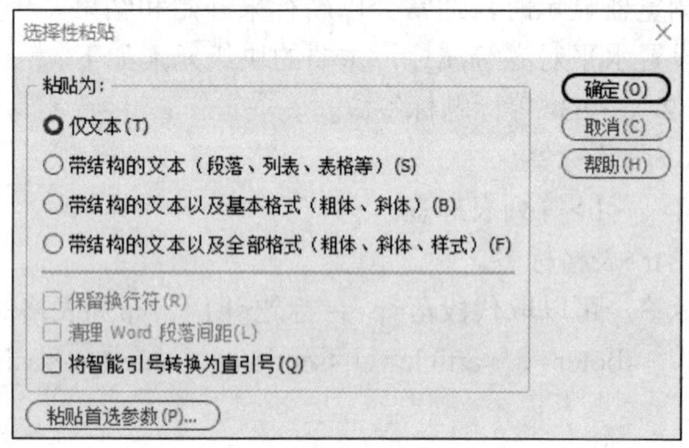

图 1-14　选择性粘贴文本格式设置

3. 导入表格式数据

针对表格式数据，可以采用导入方式导入，如 Excel 表格数据、XML 数据等，如图 1-15 和图 1-16 所示。

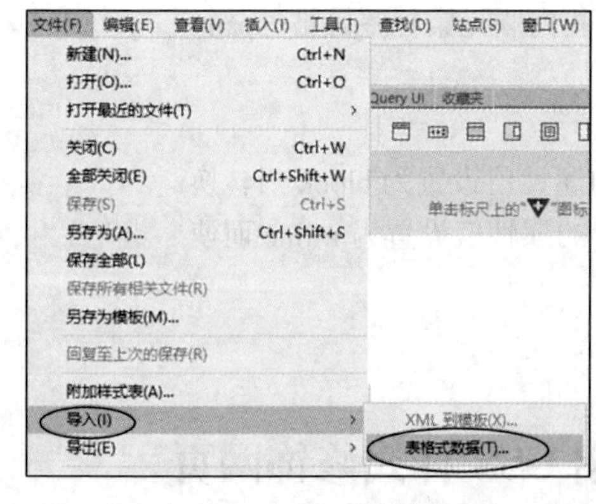

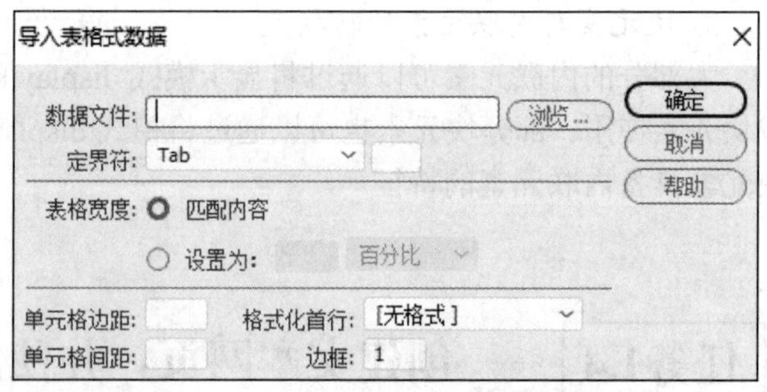

图 1-15　“导入”命令　　　　图 1-16　“导入表格式数据”对话框

打开任务 1.2 中创建的网页 index.html，在<body>标签内添加标题元素 h2，在 h2 标签内添加标题文字；然后添加一个层标签<div>…</div>，在层里添加一个段落元素 p，在段落标签内输入一段文字，示例代码如下：

```
    <body>
        <h2>工匠精神内涵</h2>
        <div>
            <p>1.敬业。敬业是从业者基于对职业的敬畏和热爱而产生的一种全身心投入的认认真真、尽职尽责的职业精神状态。中华民族历来有“敬业乐群”“忠于职守”的传统，敬业是中国人的传统美德，也是当今社会主义核心价值观的基本要求之一。早在春秋时期，孔子就主张人在一生中始终要“执事敬”“事思敬”“修己以敬”。“执事敬”，是指行事要严肃认真不怠慢；“事思敬”，是指临事要专心致志不懈怠；“修己以敬”，是指加强自身修养保持恭敬谦逊的态度。</p>
        </div>
    </body>
```

在 head 元素内的<title>标签内添加网页标题，代码如下：

```
<title>工匠精神内涵</title>
```

子任务 1.4.2　使用 CSS 设计文字和段落样式

1.4.2.1　样式表文件的引用

文字和段落的CSS 样式

任务 1.2 中创建的样式表文件需要在网页页面的<head>标签内引用才能使用。在 Dreamweaver 开发平台中打开网页后右击，在弹出的快捷菜单中选择“附加样式表”命令，弹出如图 1-17 所示对话框。在对话框中添加样式表文件，单击“确定”按钮后可在网页的<head>标签内添加样式表文件的引用代码，实现样式表文件和网页的关联。在 HBuilder X 平台中，则需要手动添加样式表文件的引用代码。

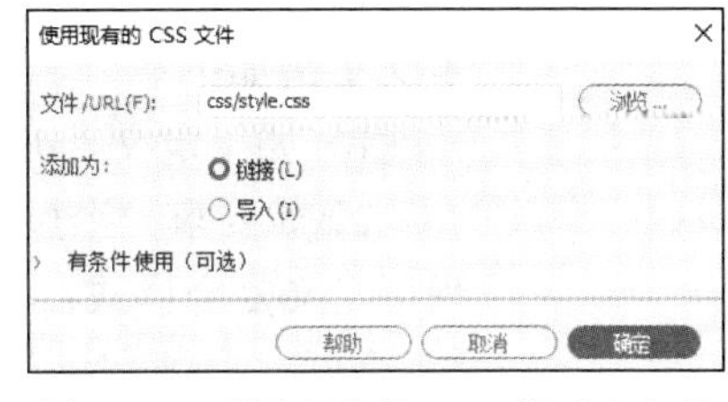

图 1-17　引用现有的 CSS 样式表文件

在网页中添加 css 文件夹中创建的名为 style.css 的样式表文件，在<head>标签内的引用样式代码如下：

```
<link href="css/style.css" rel="stylesheet" type="text/css" />
```

通过 link 元素将外部样式与网页实现关联，具有 href、rel 和 type 三个属性，其中，rel 说明文件类型，href 指定文件路径，type 用于说明文本类型（type 属性在 HTML5 网页中为可选属性，可以不写）。

1.4.2.2　样式的分类和引用

样式按定义类型的不同，可分为如下几种类型。

1. 类样式

样式定义时，样式名前面加“.”前缀符号，可应用于任何 HTML 元素，可在页面的不同部分、不同元素多次引用。连续的字符、段落和层引用类样式的写法如下。

- 连续的字符引用样式：

```
<span class="样式名">…</span>
```

- 段落引用样式：

```
<p class="样式名">…</p>
```

- 层引用样式：

```
<div class="样式名">…</div>
```

2. ID 样式

样式定义时，样式名前面加“#”前缀符号，一个页面仅应用于一个 HTML 元素时使用，一般用于定义布局层样式，层 Div 引用 ID 样式写法如下：

```
<div id="样式名">…</div>
```

3. 标签样式

HTML 元素包括布局标签如 header、nav、footer、article、section 和其他标签如 p、body、标题 h1～h6 等。标签一般有默认的样式，当默认样式无法满足要求时，用户可重新定义这些标签样式，创建或更改标签样式后，所有用该标签样式的文本都自动更新为新的格式。如果在层中添加的段落有默认的上边距，为了解决边距超出层的问题，需要设置段落的上边距为 0px，同样默认的标题样式也有上边距问题，这样可以一起定义标题和段落的标签样式如下：

```
h1,h2,h3,h4,h5,h6,p {margin-top: 0;}
```

标签样式名前面不加任何符号，以 h1 样式名为例，引用方式一般如下：

```
<h1>标题1内容</h1>
```

大部分的标签样式不需要引用，以<body>标签为例，重定义<body>标签后样式可自动更新。

4. 复合内容样式

如果要定义同时影响两个或多个标签、类或 ID 的复合规则，应该选择定义复合内容样式，复合内容样式只需要引用前面部分的样式即可。复合内容样式定义举例如下。

1）如果定义“div p”样式，则 div 标签内的所有 p 元素都将受此规则影响。

2）如要求一个层中的图片与文字形成左环绕效果，假设该层引用类样式.pic，则可定义复合样式：

```
.pic img{float:left;}
```

3）当图片设置为链接时，会在图像周围显示默认的蓝色边框，可修改图片链接样式使图片无边框，代码如下：

```
a img {border: none;}
```

1.4.2.3 常用的文字样式

1. 字体 font-family 属性

可给字体 font-family 属性设置一种或多种字体，这样使得客户端浏览网页时如果没有第一种字体，则顺延下一种字体显示。如果 Font-family 属性中指定的字体在客户端都没有，则以系统默认字体显示。

可设置字体样式代码如下：

```
.style1 {
    font-family:"方正兰亭超细黑简体","微软雅黑","黑体";}
```

当文字引用 style1 类样式时，如果没有“方正兰亭超细黑简体”字体，则用“微软雅黑”字体显示文字；如果没有“微软雅黑”字体，则用“黑体”字体显示文字；如果客户端没有“黑体”字体，则用浏览器默认的字体显示文字。

2. 字体 font-size 属性

衡量字体大小的单位如下。

1）px（像素）：根据显示器的分辨率来确定长度。

2）pt（字号）：根据 Windows 系统定义的字号大小来确定长度。

3）in（英寸）、cm（厘米）、mm（毫米）：根据显示的实际尺寸来确定长度。此类单位不随显示器的分辨率改变而改变。

4）ex：当前字母“x”的高度，一般为字体尺寸的一半。

5）%：以当前文本的百分比定义尺寸，例如，{font-size:200%}是指文字大小为原来的 2 倍。

6）em：相对长度单位，单位 em 是一种相对的字体高度，一般的浏览器都默认为 16px，即<body>标签的默认基准字体大小为 16px，如设置 body 字体大小为 1em，即相当于 1em=16px，在其他样式中设置字体大小为 0.8em，那么换算为像素单位是 1×0.8×16px=12.8px。为了简化 em 和 px 的换算，一般设置 body 的 font-size 为 62.5%，然后使用 em 设置其他标签的字体大小，这样，em 换算为 px 只需要乘以 10 就行了。例如，1em=1×62.5%×16px=10px。通过修改 body 标签中字号的大小，就能按比例修改所有字体的大小。

7）rem：rem 是 css3 中新增加的一个单位属性，根据页面的 HTML 标签元素的字体大小进行转变的单位，如设置了 html 标签元素的字体大小为 48px，则 1rem=48px。如果没有设置 html 标签元素的字体大小，则 rem 默认的初始值是 16px，即 1rem=16px。

3. 字体 color 属性

字体的颜色属性 color 的值以“#”开头，可用 3 位十六进制数表示，其中第 1 位表示红色，第 2 位表示绿色，第 3 位表示蓝色，如#00f 表示蓝色；也可用 6 位十六进制数表示，其中第 1、2 位表示红色，第 3、4 位表示绿色，第 5、6 位表示蓝色，如#00ff00 表示绿色。设置字体颜色为蓝色的样式代码如下：

```
color:#00f;
```

4. 设置粗体、斜体、划线、缩进、字符转换与间隔等

这里所说的文本样式主要是指粗体、斜体、下划线等样式。

- font-weight：可设置字体加粗、减细或其他数值。
- font-style：设置字体为斜体，有 italic 和 oblique 两个值可选，这两个值表示的倾斜角度不同。
- text-decoration：主要可对字体设置下划线、上划线、删除线和无任何线形式，如文字链接，要去掉默认的下划线时则可通过设置这个属性值为 none。另外可设置下划线的线型、颜色等。
- font-variant：设置英文字符为小型大写字母。
- text-transform：将英文字符设置为大写、小写或首字母大写方式。
- letter-spacing：对中英文字符间的间距和英文单词间距均产生影响。
- word-spacing：对英文字符间距产生影响。
- text-indent：设置文本块的缩进程度。
- display：指定是否显示以及如何显示元素，常用属性值有 inline、block、inline-block 等。

1.4.2.4 设置段落分段及行距

调节网页中文本的分段及设置行距的方法如下。

1. <p>分段行距

一般在文档编辑器中使用回车键进行分段换行，在代码视图标记符号为<p>文本内容……</p>，用这种方式产生的分段，段与段之间的间隔比普通行距要大一些。段落的行距如果没进行样式设置则为默认行距，默认行距的大小也与设置的字体字号相关。

2.
分段行距

如果设置段落间的间隔与默认方式行距一样，则可以按 Shift+Enter 组合键来完成，在代码视图标记符号为
。

3. line-height 行距设定

段落中文字之间的行距可以通过样式代码来设定。在样式规则定义对话框中选择“类型”标签，通过设置合适的 Line-height 属性值来设置段落行距，行距的表达方式可以是倍数、百分比，也可以是 px、pt、em、cm 等，主要有如下几种。

- line-height 设置为 2：不带单位，表示设置为 2 倍行距。
- line-height 设置为 25px：带单位的，表示设置为实际单位值，25px 表示设置行距为 25 像素高。
- line-height 设置为 150%：表示设置为 150%的行距。

1.4.2.5 设置文本对齐方式

1. 文本的水平对齐

文本的水平对齐方式通常有 4 种：左对齐、居中对齐、右对齐和两端对齐，默认为左对齐方式。通过设置 CSS 样式的 text-align 属性实现，设置文本居中样式代码如下：

```
text-align:center;
```

2. 内联元素的垂直对齐

样式属性 vertical-align 适用于设置内联元素（如 td、a 和 img 等元素）的对齐，有三种对齐方式。

- top 是指与行内最高元素的 top 对齐。
- middle 是指元素的中线与基线对齐。
- bottom 是指行的 bottom 对齐，要注意的是 bottom 不等于 baseline，它类似于英语作业本格子线，字母 a 下部分对应的是 baseline，而字母 g 下部分不是 baseline。

子任务 1.4.3 创建网页，添加文字素材，设计文字和段落样式

案例 1-1

制作“工匠精神内涵”页面的步骤如下。

01 按照任务 1.2 的步骤创建网站 ch01，创建网页命名为 index.html，在 css

文件夹中添加样式表文件 style.css，在网页文件中添加样式表文件的引用。

创建一个文本网页

02 添加网页内容。参考图 1-18 的文字内容在网页的 body 元素内添加 h2 标题元素，添加一个 div 层，在层中添加一段文字。

03 创建样式。在 style.css 样式表文件中，创建名为.font16 的类样式，设置字体、16 号字号、颜色和 2 倍行距，样式代码如下：

```
.font16{color:#164B00;font-family:"微软雅黑","黑体","serif";
font-size:16px;line-height:2;}
```

重定义标签样式 h2，使标题文字居中显示，代码如下：

```
h2{text-align: center;}
```

04 添加样式引用。在页面的 div 标签中引用类样式 font16，代码如下：

```
<div class="font16">
```

运行网页，效果如图 1-18 所示。

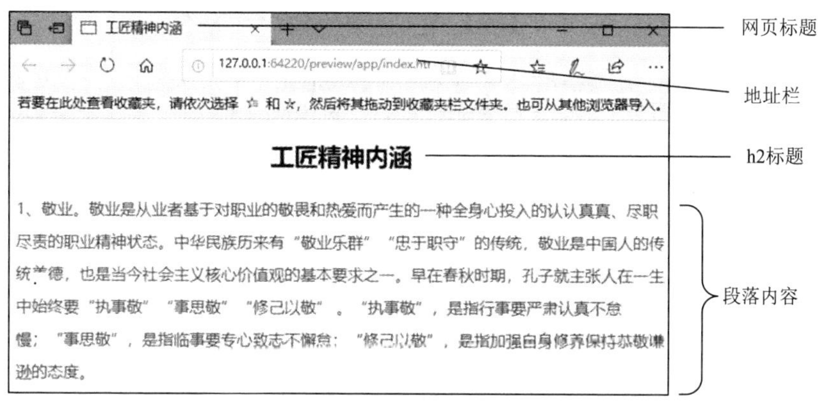

图 1-18　网页运行效果

上机实训

1. 在案例 1-1 的基础上完成上机练习，操作步骤如下。

01 新建网页文件，命名为 shangji.html，按案例 1-1 步骤添加内容和引用样式。

02 在案例 1-1 的层中继续添加三段文字，分别从“精益”“专注”“创新”方面定义工匠精神。

03 在运行页面，效果如图 1-19 所示。

工匠精神内涵

1. 敬业。敬业是从业者基于对职业的敬畏和热爱而产生的一种全身心投入的认认真真、尽职尽责的职业精神状态。中华民族历来有“敬业乐群”“忠于职守”的传统，敬业是中国人的传统美德，也是当今社会主义核心价值观的基本要求之一。早在春秋时期，孔子就主张人在一生中始终要“执事敬”“事思敬”“修己以敬”。“执事敬”，是指行事要严肃认真不怠慢；“事思敬”，是指临事要专心致志不懈怠；“修己以敬”，是指加强自身修养保持恭敬谦逊的态度。

2. 精益。精益就是精益求精，是从业者对每件产品、每道工序都凝神聚力、精益求精、追求极致的职业品质。所谓精益求精，是指已经做得很好了，还要求做得更好，“即使做一颗螺丝钉也要做到最好”。正如老子所说，“天下大事，必作于细”。能基业长青的企业，无不是精益求精才获得成功的。

3. 专注。专注就是内心笃定而着眼于细节的耐心、执着、坚持的精神，这是一切“大国工匠”所必须具备的精神特质。从中外实践经验来看，工匠精神都意味着一种执着，即一种几十年如一日的坚持与韧性。“术业有专攻”，一旦选定行业，就一门心思扎根下去，心无旁骛，在一个细分产品上不断积累优势，在各自领域成为“领头羊”。在中国早就有“艺痴者技必良”的说法，如《庄子》中记载的游刃有余的“庖丁解牛”、《核舟记》中记载的奇巧人王叔远等。

4. 创新。“工匠精神”还包括着追求突破、追求革新的创新内蕴。古往今来，热衷于创新和发明的工匠们一直是世界科技进步的重要推动力量。新中国成立初期，我国涌现出一大批优秀的工匠，如倪志福、郝建秀等，他们为社会主义建设事业做出了突出贡献。改革开放以来，“汉字激光照排系统之父”王选、“中国第一、全球第二的充电电池制造商”王传福、从事高铁研制生产的铁路工人和从事特高压、智能电网研究运行的电力工人等都是“工匠精神”的优秀传承者，他们让中国创新重新影响了世界。

图 1-19　上机实训 1 运行效果

04 修改类样式引用位置，在第一个段落中引用 font16 类样式，代码如下:

```
<p class="font16">
```

在样式表文件中，新增加三个文字类样式，分别被新增加的三段文字引用，查看运行效果。

2. 完成如图 1-20 所示的上机实训效果页面的制作，要求如下。

1）以 rem 为单位设置字体大小。

2）采用
进行分段设置。

3）每段首字母前面添加四个空格字符：   。

注意：每个 仅代表一个半角英文字母的大小，如果需要一个中文字符的空格，需要写两个 符号的组合。

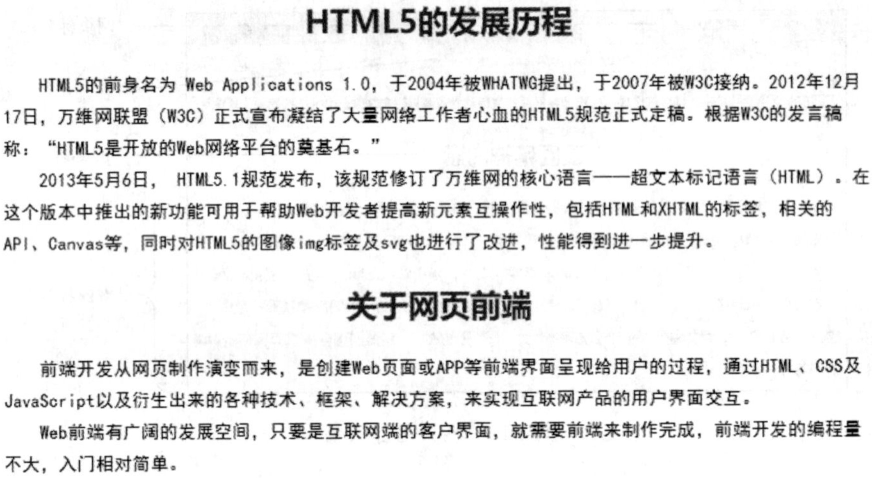

HTML5的发展历程

HTML5的前身名为 Web Applications 1.0，于2004年被WHATWG提出，于2007年被W3C接纳。2012年12月17日，万维网联盟（W3C）正式宣布凝结了大量网络工作者心血的HTML5规范正式定稿。根据W3C的发言稿称："HTML5是开放的Web网络平台的奠基石。"

2013年5月6日， HTML5.1规范发布，该规范修订了万维网的核心语言——超文本标记语言（HTML）。在这个版本中推出的新功能可用于帮助Web开发者提高新元素互操作性，包括HTML和XHTML的标签，相关的API、Canvas等，同时对HTML5的图像img标签及svg也进行了改进，性能得到进一步提升。

关于网页前端

前端开发从网页制作演变而来，是创建Web页面或APP等前端界面呈现给用户的过程，通过HTML、CSS及JavaScript以及衍生出来的各种技术、框架、解决方案，来实现互联网产品的用户界面交互。

Web前端有广阔的发展空间，只要是互联网端的客户界面，就需要前端来制作完成，前端开发的编程量不大，入门相对简单。

图 1-20　上机实训 2 运行效果

3. 参考如图 1-20 所示的效果，制作一个如大飞机制造等能体现我国自立自强发展高水平科技的专题网页。

混合式教学附录

案例 1-1 任务分工表

任务	创建文本网页
任务 1	使用 DW 平台创建网站、创建网页（注意命名规范）
任务 2	使用 HbuilderX 平台创建网站、创建网页（注意命名规范）
任务 3	选择一个平台创建样式表文件，并在网页中添加对样式表文件的引用
任务 4	参考网页运行效果图，在<body>标签内添加文章的标题文字，引用标题样式
任务 5	参考网页运行效果图，在标题文字下方添加两段文章内容
任务 6	设置第 1 段文字内容样式，并在文字中引用该样式
任务 7	设置第 2 段文字内容样式，并在文字中引用该样式
任务 8	参考网页运行效果，完善网页并运行

交流讨论

1. 说说块元素和内联元素的主要区别。
2. 字体的大小会随着显示屏分辨率的大小变化吗？
3. 网上找一篇最新新闻，猜测下标题的字体和字号？
4. 网上新闻页面正文内容的行距大家觉得大概是多少？
5. 网页的文字往往带有格式，要把文字不带格式复制到网页中要怎样操作？
6. 为什么网站一般会有个默认的主页名？
7. 复合样式有什么特征？

单元测试

1. 网页的主要元素包括（　　）。

   A. 文字　　B. 图片　　C. 视频　　D. 音乐

2. （　　）标签属于段落标签。

   A. <div>　　B. <h1>　　C. <p>　　D. <section>

3. （　　）标题元素呈现的字号最大。

   A. h1　　B. h2　　C. h3　　D. h4

4. 在 HTML 中，下面不属于 HTML 文档基本组成部分的是（　　）。

   A. <style></style>　　B. <body></body>　　C. <html></html>　　D. <head></head>

5. HTML5 的正确 doctype 是（　　）。

   A. <!doctype html>

   B. <!doctype HTML5>

   C. <!doctype HTML PUBLIC "-//W3C//DTD HTML 5.0//EN" >

   D. <!doctype html PUBLIC "-//W3C//DTD XHTML 1.0 Transitional//EN""http://www.w3.org/TR/xhtml1/DTD/xhtml1-strict.dtd">

6. 在 Dreamweaver 平台用快捷菜单新建的网页文件扩展名是（　　）。

   A. css　　B. html　　C. doc　　D. asp

7. HbuilderX 软件可创建的文件有（　　）。

A. html 网页文件　B. css 样式表文件　C. js 脚本文件　D. png 图片

8. 下面（　　）标签可以将文字进行分段。

A. <p>　B.
　C. <span>　D. <a>

9. 下面（　　）标签组合可以产生有序列表。

A. <ul><li>　B. <ol><li>　C. <dl><dt>　D. <dt><dd>

10. 中文网站可用下面（　　）字符集解析网页。

A.<meta charset="utf-8"/>　B.<meta charset="unicode"/>

C.<meta charset="gb2312"/>　D.<meta charset="utf-9"/>

11. 在网页中引用存放在 css 文件夹中的样式表文件 style.css，下列写法正确的是（　　）。

A. <link href="style.css" rel="stylesheet" />

B. <link href="css/style.css" type="text/css" />

C. <link href="style.css" rel="stylesheet" type="text/css" />

D. <link href="css/style.css" rel="stylesheet" type="text/css" />

12. 下列行高样式的设置中，（　　）可设置 2 倍行高。

A. line-height:2px;　B. height:2;　C. line-height:200%　D. line-height:2;

13 下列关于层引用类样式.style1 的写法正确的是（　　）。

A. <div class=sytle1>　B. <div class="sytle1">

C. <div id="sytle1">　D. <div ="sytle1">

14.设置文本的水平对齐方式，正确的样式属性是（　　）。

A. text-align　B. text-indent　C. vertical-align　D. line-height

15. 当字体属性设置为.style1{font-family:"黑体","隶书","楷体";}时，表示（　　）。

A. 字体为黑体

B. 字体为楷体

C. 字体为三个中任意一个

D. 字体首选黑体，如果没有再选隶书，没有隶书再选楷体

16. 下列选项中定义标题最合理的是（　　）。

A. <span class="header">文章标题</span>　B. <p><b>文章标题</b></p>

C. <h2>标题</h2>　D. <div>文章标题</div

17. 下列关于 em 单位的说法正确的是（　　）。

A. em 是一个相对长度单位　B. 一般的浏览器默认 1em 为 16px

C. 字体显示大小不受屏幕分辨率大小的影响　D. em 是一个绝对长度单位

学习自评与互评

序号	评价内容	重要性	个人自评	同学互评	教师评价
1	使得不同平台创建网站、网页和样式表文件	★★★★☆			
2	在网页中添加文字、设置文字样式并引用样式	★★★★★			
3	小组任务表现	★★★☆			
4	交流互动表现	★★★			
5	上机实训任务	★★★★			
6	单元测试	★★★☆			

项目 2 图文混排页面制作

知识目标 ☞

1. 掌握 CSS 样式基本语法规则
2. 了解命名规范
3. 在网页中插入图片素材
4. 创建图文混排网页

能力目标 ☞

1. 能够使用 HTML+CSS 制作图文混排的网页
2. 掌握 CSS 样式在网页中的应用

思政目标 ☞

感受网页之美，培养精益求精的工作作风和工匠精神

目前，互联网页面的布局以 CSS+Div 为主，使用 CSS 布局网页是 Web 标准的基础。使用 CSS，可对页面的布局、字体、颜色、背景和其他效果实现更加精确的控制。使用 CSS＋Div 布局页面主要优点如下。

- 结构清晰，容易被搜索引擎搜索到。
- 缩短改版时间，只要修改 CSS 文件就可以重新设计页面。
- 表现与内容相分离，将设计部分分离出来放在一个独立的样式表文件中。
- 可方便地将网页的风格同时更新。

任务2.1 CSS 样式基础

任务描述：了解 CSS 样式的盒子模型，掌握 CSS 样式语法撰写规范、CSS 样式在网页布局中的应用及样式的优先级别。

子任务 2.1.1 熟练掌握 CSS 样式语法

2.1.1.1 CSS 盒子模型

使用 CSS 可以非常灵活并更好地控制页面的确切外观，如控制文本属性，包

括特定字体、字号大小、粗体、斜体、下划线、文本阴影、文本颜色和背景颜色、链接颜色和链接下划线等。通过使用 CSS 控制字体，还可以确保在多个浏览器中以更一致的方式处理页面布局和外观。除此之外，还可以使用 CSS 控制 Web 页面中块级元素的格式和定位。可以对块级元素执行的操作有设置边距、边框，放置在特定位置，添加背景颜色，在周围设置浮动文本等。

CSS 盒子模型

通过 CSS 可将所有有关文档的样式指定内容全部脱离出来，并通过外部样式表文件供 HTML 调用。CSS 样式表的主要目的是将网页上的元素进行精确定位，把网页上的内容结构和格式控制相分离。

把一个网页当作是一个盒子，用 CSS 来定义盒子的位置、宽度、高度、边框、内外边距、内容排列方式等。CSS 盒子模型如图 2-1 所示。其中，padding 称为内边距或称为填充；border 称为边框；margin 称为外边距或称为空白边。

直接包围内容的是内边距，内边距呈现了元素的背景。内边距的边缘是边框。边框以外是外边距，外边距默认是透明的，因此不会遮挡其后的任何元素。

假设外边距为 20px，内边距为 15px，边框宽度为 10px，width 属性值为 600px，高度为 120px，则这个盒子模型的占位宽度为 690px，占位高度为 210px，盒子模型示例如图 2-2 所示。

图 2-1　CSS 盒子模型

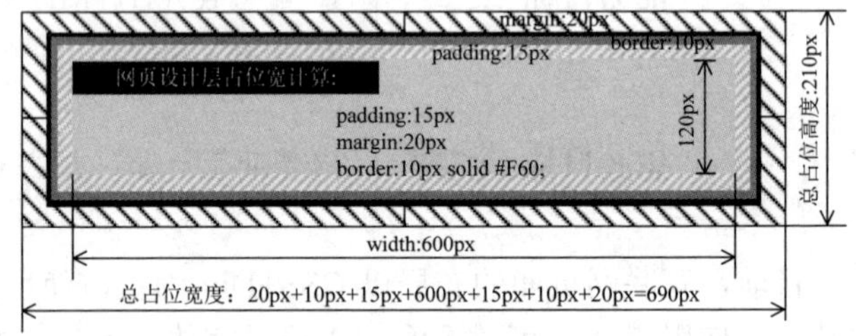

图 2-2　盒子模型示例

> **注　意**
>
> 块元素的宽度与占位宽的概念不同，这里的 width 属性值，并不一定是元素的最终占位宽，占位宽还包括内外边距和边框的宽度。

2.1.1.2　CSS 语法撰写规范

CSS 语言由标志和属性构成，样式的基本语法如下：

```
选择器名 {
  属性:属性值;属性:属性值;…
}
```

也可以写成

```
选择器名 {
  属性:属性值;
  属性:属性值;
  …;
}
```

属性和值之间用冒号分隔，属性-属性值对之间用分号分隔。

如定义段落中文本居中对齐、字体为蓝色，代码如下：

```
p{ text-align:center;color:blue;}
```

如图 2-2 所示盒子模型的 CSS 代码如下：

```
#box {
    width: 600px;
    height: 120px;
    margin: 20px;
    padding: 15px;
    border: 10px solid #F60;
}
```

可以看到，一个 CSS 盒子元素宽度大小由该元素的 width、margin、padding 和 border 四个属性决定。

2.1.1.3　CSS 盒子模型的相关属性

1. 外边距 margin 属性

margin 属性用于设置盒子的外边距，属性值的个数可设为 1～4 个，语法格式如下。

```
margin:5px;/*属性值只有一个时,代表上、下、左、右外边距均为5px*/
margin:5px 10px;/*属性值有两个时,第一个值代表上、下边距值,第二个值代表左、右外边距值*/
margin:5px 10px 20px;/*属性值有三个时,第一个值代表上边距,第二个值代表左、右外边距，第三个值代表下边距值*/
margin:5px 10px 15px 20px;/*属性值有四个时,顺时针方向依次代表上、右、下、左边距值*/
margin: auto;margin:0 auto;/* margin:auto;表示上下边距和左右边距都根据浏览器宽度自适应(均分左右边距);margin:0 auto;表示上下边距为0px，左右边距为auto*/
```

如果与 div 层结合使用，将 div 的样式 margin 属性左右边距值设为 auto，让浏览器自动判断边距，将 div 的左右边距设为相等，并呈现居中状态，从而可实现层在页面居中的效果。

2. 内边距 padding 属性

padding 属性用于设置盒子的填充边距，属性值的个数可设为 1～4 个，语法格式如下。

```
padding:5px;/*属性值只有一个时,代表上、下、左、右填充边距均为5px*/
padding:5px 10px;/*属性值有两个时,第一个值代表上、下填充值,第二个值代表左、右填充值*/
padding:5px 10px 20px;/*属性值有三个时,第一个值代表上边填充值,第二个值代表左、右填充值,第三个值代表下边填充值*/
padding:5px 10px 15px 20px;/*属性值有四个时,顺时针方向依次代表上、右、下、左边距值*/
```

除此之外，还可对 margin 和 padding 的任何一个边距的属性进行单独设置。

3. 边框属性

边框属性包括设置盒子模型的边框线线型、线条的粗细和线条颜色，可单独设置方框的上、下、左、右边框，也可同时设置其中一个以上边框，具体属性如下。

- style 属性：可分别设置上、下、左、右边框的线型，线型包括 solid（实线）、dotted（点点线）、dashed（短划线）、double（双实线）等。

- Width 属性：可选择细、中、粗线型，也可直接在下拉列表框中输入数字，并选择宽度的单位，如 px、pt、in、em、%等。
- Color 属性：可以在颜色面板中选择边框线条的颜色。

如设置边框为细实线，宽度为 5px，颜色为蓝色，代码如下：

```
border:5px solid #00C;
```

如果只设置上边框的线型为实线，宽度为 1px，颜色为深绿色，则代码如下：

```
border-top:1px solid #008080;
```

上面代码也可以通过分别设置如下属性来实现：

```
border-top-color:#008080;border-top-style:solid;border-top-width:1px;
```

提　示

网页中有时需要一条水平分隔线，可通过设置层的上边框线或下边框线实现。

2.1.1.4　背景属性的设计

背景属性

CSS 样式背景可以是图片背景，也可以是颜色背景，背景区域大小一般由宽度和高度属性决定，如果不设置高度和宽度属性，则一般由内容决定背景区域的大小。

1. 颜色背景

颜色背景的 css 属性是 background-color，如定义一个背景颜色为深绿色、字体颜色为浅白色，背景覆盖区域的宽度是 800px、高度是 50px，在背景区域内添加一行文字，为使文字在垂直方向居中，设置行高属性值与高度属性值一样，设置背景区域内文字水平居中，样式设置如下：

```
.bg1{background-color: #008080;color:#f5f5f5; width:800px;
height:50px;line-height:50px; }
```

在网页的 body 元素内添加一个层引用样式，代码如下：

```
<div class="bg1">坚持自信自立、坚持守正创新</div>
```

产生的效果如图 2-3 所示。

坚持自信自立、坚持守正创新

图 2-3　背景颜色设置

2. 图片背景

背景图片的 css 属性是 background-image 搭配背景图片，如将一个放在 images 文件夹中名为 jiangxin.png 的图片当作背景，背景覆盖区域与图片的大小相同，宽度为 1000px、高度为 200px。要实现如图 2-4 所示效果，则需要设置以下 CSS 样式。

- 添加背景图片，设置宽度属性值为 1000px、高度属性值为 200px。
- 添加文字样式：字体为白色，字号为 28px。
- 设置行高与背景图片高度一致。

- 设置文字离左边距约 400px，修改宽度属性值为 1000px-400px，使总占位宽不变。

样式代码如下：

```
.bg2{background-image:url("../images/jiangxin.png");width:600px;
font-size:28px;height:200px;line-height: 200px;padding-left:400px;
color:#f5f5f5; }
```

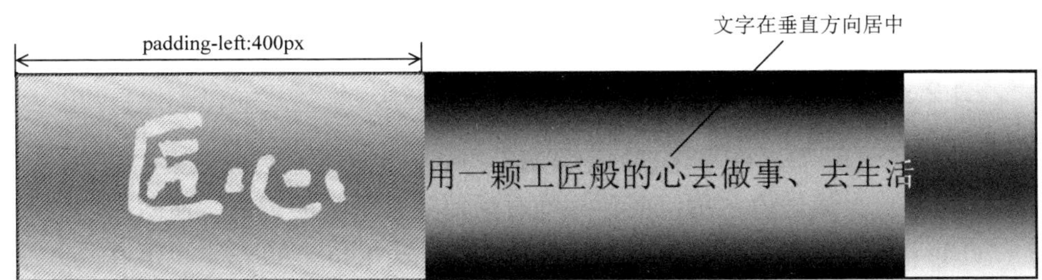

图 2-4　图片背景

图片背景的主要属性如下。

- background-image：用于设置图片的背景，属性值为 url("图片路径");。
- background-repeat：用于设置图片是否重复出现，默认为重复，可设置属性值为 no-repeat（不重复）、repeat-x（水平方向重复）、repeat-y（垂直方向重复）。
- background-position：用于指定背景图片的位置，默认为左上角，可设置的属性值为 left、right、top、bottom 和 center。一般设置两个参数值，第一个指定水平位置，第二个指定垂直位置，如果只提供一个，则第二个默认为 center。也可以设置两个数字代表左上角位置，如设置背景位置在右上角的代码示例为：

```
background-position: right top;
```

CSS 页面布局基础

子任务 2.1.2　掌握常用 CSS 布局相关样式

2.1.2.1　使用布局标签布局页面

HTML5 新增加了用于布局的标签如 header、nav、footer、article、section 等，这些布局标签可以像 div 一样使用，像 div 一样引用样式，也可以直接重定义标签样式后直接使用，不需要另外引用样式。这些布局标签中可以包括 div 元素，div 元素也可以包括这些布局标签元素。

使用这些标签布局页面，使页面结构更清晰，以二列布局为例，可使用布局标签完成如图 2-5 所示的页面布局。大部分的布局标签可以互相嵌套，可以包含其他的任何 html 元素，可以引用各种样式。

<header>
<nav>
<asider> 或 <section> 或 <nav>
<main> 或 <section> 或 <article>
<footer>

图 2-5　布局二列页面

2.1.2.2 关于浮动

网页的块元素如 div、列表项 li、各个布局标签等，在浏览器窗口按出现的先后顺序默认从上往下排列，如果需要改变正常的上下排列，如将两个层并排排列，则需要设置这两层为浮动方式。浮动的属性名称为 float，可设置的属性值为 left（向左浮动）或 right（向右浮动）。浏览器在渲染这些元素时，将按指定的方向向左或向右重新排列，如向左浮动，浮动样式代码为：

```
float:left;
```

2.1.2.3 清除浮动

浮动属性的设置改变了元素的正常流动方式，也影响了后面元素的流动，因此需要设置一个属性值，用于清除浮动对后面元素带来的影响。清除浮动的属性为 clear，属性值可以是 left（左）、right（右）或 both（同时），以清除两侧浮动为例，代码如下：

```
clear:both;
```

清除浮动的代码可以设置在受浮动影响的元素中，也可以用换行清除或添加一个层来清除，设置清除浮动类样式代码如下：

```
.clearfloat{clear:both;height:0px;}
```

在层或换行符中引用清除浮动类，代码如下：

```
<div class="clearfloat"></div>
```

或

```
<br class="clearfloat"/>
```

2.1.2.4 溢出属性

用于设置内容在显示区域显示不全时的显示方式，属性名为 overflow，属性值默认为 visible，即当内容太多时，默认在超出区域部分正常显示。另外，可以设置为隐藏方式 hidden、内容充满显示区域，需要时显示滚动条的 auto 或 scroll。一些情况下可以通过设置 auto 方式消除浮动的影响。

2.1.2.5 定位属性

定位属性 position 可以让网页元素有更多的控制，定位属性值如下。

- static（静态定位）：默认的定位方式，如果不设置 position 值，则默认为静态定位。
- fixed（固定定位）：设置了固定定位的元素在网页滚动时将在设置区域固定不动。
- relative（相对定位）：一般配合 left、right、top、bottom 等偏移量使用，使得元素在相对于正常显示范围内（静态定位）有一定的指定偏移。
- absolute（绝对定位）：一般配合 left、right、top、bottom 等偏移量使用，用于定位指定元素的绝对定位，元素将脱离正常的流动。

子任务 2.1.3　掌握 CSS 的伪类样式

同一个标签，根据其不同的状态，有不同的样式，称为伪类。常见的 CSS 伪类包括五种形态，用冒号间隔。

- :link：设置链接样式。
- :visited：设置单击后的样式。
- :focus：获取焦点时样式。
- :hover：鼠标经过的样式。
- :active：实际单击（按住鼠标不松手时）的样式。

其中，:link 和:visited 只用于超链接元素，:hover、:focus 和:active 可用于任何标签。伪类一般以复合样式的形成出现，引用时只需要引用前面的样式即可，如定义导航中的链接样式，代码如下：

```
.nav1 a:link{color:#f6f6f6;}
```

如果 div 层中的链接文字应用这个伪类样式，只需要引用类样式 nav1 即可。

注　意

伪类 a:link、a:visited、a:hover、a:active 这四种状态必须按顺序编写，否则可能无效。

子任务 2.1.4　了解 CSS 样式分类

2.1.4.1　按选择器类型分类

项目 1 介绍了样式按定义时选择器类型的不同，可分为类样式、ID 样式、标签样式、复合内容样式四种类型，这里不再赘述。

CSS 样式分类

2.1.4.2　按样式的定义位置分类

CSS 样式按样式的存放位置分为内部样式和外部样式，另外还有浏览器默认样式和直接在标签内定义的 html 内联样式。

1. 内部样式

内部样式只适用于本页面，在页面的代码视图中可看到样式代码。内部样式代码在网页的<head>标签内部，样式以<style type="text/css">开始，以</style>结束。

2. 外部样式

外部样式存放在一个独立的样式表文件中，在需要使用样式的页面对该样式表文件进行链接引用。使用外部样式可以更方便地对整个网页的风格进行设置管理和修改。

3. 内联样式

内联样式通过 html 标记的 style 属性实现，如在<body>标签内通过属性直接定义页面背景和字体颜色，代码如下：

```
<body style="background-color:#f5f5f5;color=#008080;">
</body>
```

重定义标题的内联样式，代码如下：

```
<h1 style="background-color:#008080;color=#f5f5f5;">
```

内联样式的修改和维护比较麻烦，也违背了内容与表现相分离的原则，一般情况不建议使用内联样式。

4. 浏览器默认样式

当网页不添加任何样式时，网页中的元素将以浏览器默认的样式出现。

子任务 2.1.5 了解样式规则的优先级

2.1.5.1 不同样式的优先级

在网页中添加网页元素后，如果不给网页添加 CSS 样式，它也会有一些特效，如文本是黑色的，未访问过的链接是蓝色的，访问过的链接是紫色的，这些都被称为默认浏览器样式。根据样式表分类的不同，CSS 样式的优先级会发生变化。

样式的优先级由高到低依次如下：内联样式表（可以覆盖其他任何样式）>内部样式表>外部样式表>浏览器默认样式表。

其他原则如下：

1）相同优先级的样式表中定义多个同名样式，按定义的先后顺序确定优先级，先定义的优先级低，后定义的优先级高。

2）同一个标签引用多个相同优先级的样式表中定义的样式时，优先级样式从高到低依次为：style 内联样式>标签复合样式>id 样式>类样式>标签样式>*通用选择符样式。

3）各个样式表的优先级根据选择符确定，原则是应用范围越广的选择符级别越低，限制条件越多、应用范围越小的选择符优先级越高。

2.1.5.2 提高样式的优先级

在 IE7 及以上版本的浏览器或高版本的火狐等浏览器中，可以在样式中添加!important 提高样式的优先级，使得它定义的样式不被更高优先级的同名样式覆盖，如定义样式：

```
.level2 {font-size:32px !important;color:yellow !important;}
```

这个样式不管是内部样式还是外部样式，这里定义的字体大小和字体颜色都将比同名样式有更高的优先级。

但重定义的标签样式将被子标签样式覆盖，如定义样式：

```
body{color:red !important;}
```

这里的优先级将被其他样式中定义的字体颜色覆盖。

2.1.5.3 CSS 样式优先级别应用案例

当有多个同名样式被引用或同属性名样式被引用时，需要了解样式优先级对内容的影响，本案例通过同名样式.level 和同名属性 color 实际应用解释样式的优先级。

案例 2-1

样式的优先级应用

01 新建网站，命名为 ch02。

02 在网站中新建一个名为 css 的文件夹，在文件夹下添加名为 style.css 的样式表文件，在样式表文件中定义名为 level 的类样式，代码如下：

```
.level {font-size:32px;color:yellow;text-align:center;}
.level {color:red;}
```

03 新建网页文件 index2_1.html，在网页中定义名为 level 的内部类样式，并在页面添加文字，添加对外部样式表文件 style.css 的引用，代码如下：

```
<html>
<head>
<title>样式优先级</title>
<link href="css/style.css" rel="stylesheet" type="text/css">
<style type="text/css">
   .level {font-size:16px;color:blue;text-align:center;}
</style>
</head>
<body>
   <h1 class="level"  style="font-size:24px;color:green;">
      判断一下这里的文字是何效果。
   </h1>
</body>
</html>
```

04 运行网页，分析样式的效果如下。

① 这段代码把所有的样式类型都加在页面中了，它最后的显示效果究竟是哪个？答案是 24px 的绿色字体。按照样式表的优先级解释，写在标签里的内联样式（style="font-size:24px;color:green;"）是优先级最高的，最优先被解析并覆盖了其他样式。

② 如果去掉这段写在标签上的内联样式，那么页面中的内部样式表就会发挥作用，这段文字会变成 16px 的蓝色字体，它覆盖了外部样式和默认样式。

③ 如果再去掉内部样式（<style type="text/css">至</style>中定义的样式），文字将变成外部样式表文件 style.css 里设置的 32px 红色字体，它覆盖了除自己以外唯一存在的浏览器默认样式，那么字体颜色为什么不是黄色呢？因为外部样式表文件里重复定义了两个名为 level 的类样式，这样当定义的属性有重复时，以后定义的为准，优先级相同的情况下，后定义的属性会覆盖先前定义的属性，所以下面重复定义的类样式中的 color:red 属性覆盖了上面同名类样式中的 color:yellow 属性。

④ 若去掉对外部样式的引用语句（<link href="style.css" rel="stylesheet" type="text/css"/>），就只剩下浏览器的默认样式表来解析页面样式了，文字将变成默认由系统定义的 h1 标签样式 32px 黑色字体、向左对齐。如果将 h1 替换为 p，则字体将变成浏览器默认的段落样式。

⑤ 如果将外部样式表文件 style.css 中的类样式 level 修改如下：

```
.level{ font-size:32px !important;color:yellow !important; }
```

则外部样式中的字号和字体颜色优先级将覆盖所有同名样式定义，最后显示结果是字段颜色为黄色、字号为 32 号字。

子任务 2.1.6　了解样式命名规范

网站设计需要对站点、网站中的文件、文件夹进行合理的命名，良好的命名规范在网站开发、维护上都起到了至关重要的作用。命名规范是一种约定，也是程序员之间良好沟通的桥梁。

命名的基本原则是：使用独一无二的、小写、不带空格的名称，名称应由字母和数字组成，并以字母开始，名称中可以包含“_”符号。

命名不能与系统中事先定义的名字相同，好的命名能够使人顾名思义，可读性好。

1. 命名规则

命名规则如下：

- 所有的命名最好都小写。
- 属性的值一定要用双引号括起来。
- 每个标签都要有开始和结束（有些属于自封闭型），且要有正确的层次，排版工整、有规律。
- 空元素要有结束的 tag 或在开始的 tag 后加上字符/。
- 表现与结构完全分离，代码中不涉及任何表现元素，如 style、font、bgColor、border 等。
- <h1>～<h5>的定义，应遵循从大到小的原则，体现文档的结构，并有利于搜索引擎的查询。
- 给图片加上 alt 标签。
- 尽量使用英文命名原则。
- 尽量不缩写，除非一看就明白的单词。

2. CSS 样式命名参考

CSS 样式命名参考如表 2-1 所示，建议布局层采用 ID 样式，文字图片等网页元素样式设计采用类样式或复合样式，链接样式设计采用复合样式。

表 2-1　CSS 样式命名参考

CSS 样式命名	说明
container 或 wrapper 或 wrap	容器，用于最外层
layout	布局
header	HTML5 增加的标签名，用于表示页头部分
footer	HTML5 增加的标签名，用于表示页脚部分
nav	HTML5 增加的标签名，用于表示主导航
subnav	二级导航
menu	菜单
submenu	子菜单
asider	HTML5 增加的标签名，用于表示侧边栏

续表

CSS 样式命名	说明
sidebar	左边栏或右边栏
main、article、section	HTML5 增加的标签名，用于表示内容区或页面主体等
tag	标签
msg、message	提示信息
tips	小技巧
vote	投票
friendlink	友情链接
title	标题
summary	摘要
loginbar	登录条
searchInput	搜索输入框
hot	热门热点
search	搜索
search_output	搜索输出和搜索结果相似
searchbar	搜索条
search_results	搜索结果
copyright	版权信息
branding	商标
logo	网站 Logo 标志
siteinfo	网站信息
siteinfoLegal	法律声明
siteinfoCredits	信誉
joinus	加入我们
partner	合作伙伴
service	服务
register	注册
arr、arrow	箭头
guild	指南
sitemap	网站地图
list	列表
homepage	首页
subpage	二级页面子页面
tool、toolbar	工具条
drop	下拉
dropmenu	下拉菜单
status	状态
scroll	滚动
tab	标签页

续表

CSS 样式命名	说明
left、center、right	居左、中、右
news	新闻
download	下载
banner	广告条（顶部广告条）

3. CSS 样式表文件命名参考

CSS 样式表文件命名参考如表 2-2 所示。

表 2-2　CSS 样式表文件命名参考

CSS 样式表文件命名	说明
master.css、stylesheet.css	主要的
module.css	模版、母版
base.css	基本共用
layout.css	布局、版面
themes.css、style.css	主题
font.css	文字字体
forms.css	表单
print.css	打印

任务2.2　一列布局页面制作

任务描述：使用布局标签或 div 标签+CSS 样式完成一列固定宽度和自适应宽度布局的页面制作。

Div 和各类布局标签用来为 HTML 文档内大块内容提供结构和背景。以 div 元素为例，<div>为起始标记，</div>为结束标记，可以将文档窗口理解为由一块块的 Div 块组成，在 Div 中可插入文字、图像、动画、声音、表格等。利用 Div 和布局标签布局页面的优点是简单和灵活，和 CSS 相结合，使得每个布局标签都可用一个盒子模型来定义样式，可以更容易地设计出各式各样的网页。

子任务 2.2.1　制作一列固定宽度布局网页

一列布局页面的布局结构一般包括头部区域 header、导航区域 nav、内容区域 body 和页脚区域 footer，内容区域可以用 div、article、section 或 main 等布局。网页运行后使页面整体居中是网页设计中最普遍应用的形式，通常会在整个布局外围添加一个 div 容器层，设置这个容器层为居中状态，即设置该层的 margin 左右属性值为 auto，使得层的左右边距根据屏幕的大小自动调整，从而使得页面内容区域处于居中状态。

案例 2-2

一列固定宽度布局网页

创建一列固定宽度布局网页步骤如下。

01 创建网站和网页文件。在 ch02 网站中添加图片文件夹 images，在图片文件夹内添加图片素材，添加css样式表文件夹，并在文件夹中添加名为layout1.css的样式表文件，然后在网站里添加名为 index2_2.html 的网页文件。

02 在样式表文件 layout1.css 中添加页面布局样式。重定义 header 标签样式，选择 images 图片文件夹下的 n1.jpg 为背景，设置宽度属性值为 1024px，高度属性值为 154px，margin 属性值设置为 auto，实现一列固定宽度居中，代码如下：

```
    header { background-image:url("../images/n1.jpg");margin:auto;
height:154px;width:1040px;}
```

重命名布局标签 main，添加背景图片 n2.jpg，宽度为 1024px、高度为 450px，margin 值为 auto。重命名 footer 布局样式，添加背景图片 n3.jpg，宽度为 1024px、高度为 254px，样式代码如下：

```
    main { background-image: url("../images/n2.jpg");margin:
auto;height:450px;width:1040px;}
    footer{ background-image: url("../images/n3.jpg");margin:
auto;height:254px;width:1040px;}
```

03 添加布局层。在文件代码视图的<body>标签内依次添加三个布局标签，代码如下：

```
<header></header>
<main></main>
<footer></footer>
```

04 运行网页，可得到如图 2-6 所示效果。

上述步骤中，可看到所建立的三个样式都有相同的宽度和 margin 属性设置，可以考虑在三个层外面再添加一个层，给这个层设定宽度和 margin，使其层在页面水平居中显示，另外三个层则按从上到下的顺序添加到这个外围的层里面。

图 2-6 一列固定宽度布局网页效果

案例 2-3

一列布局文字网页制作

修改案例 2-2 的样式，添加容器层创建网页，步骤如下。

01 新建网页。在网站中新建网页，命名为 index2_3.html。

02 修改布局样式。新建样式表文件 layout2.css，保存在 css 文件夹中，参考案例 2-2 中的样式代码，在 layout2.css 样式表文件中添加一个 ID 样式#container 为页面的容器样式，并设置一定的宽度；将 margin 值设置为 auto，应用于网页最外围的层中，将其他层包括在其中，使得整个页面可居中显示；将 header、main 和 footer 布局样式中的 width 属性和 margin 属性去掉，各样式代码如下：

```
#container{margin:auto;width:1040px;}
header{background-image: url("../images/n1.jpg");height: 154px;}
main {background-image: url("../images/n2.jpg");height: 450px;}
footer{background-image: url("../images/n3.jpg");height: 254px;}
```

03 添加内容层。在文件代码视图的<body>标签内添加一个层，引用 ID 样式 container，再在这个层内依次添加三个布局层，代码如下：

```
<div id="container">
    <header></header>
    <main></main>
    <footer></footer>
</div>
```

运行网页，可得到如图 2-6 所示效果。

04 在 main 标签内添加一个 h3 标题元素和一个布局层 section；添加一个 div 层，引用类样式 font1，在所添加的各个元素标签内分别添加文字。

05 在样式表文件中重定义 section 样式并定义类样式.font1，用于设置层里的文字样式。为了使文字和 main 层左右有一定的距离，应设置内边距值。重定义标题 h3 样式，使标题水平居中显示，样式代码如下：

```
section{color:#0A5F12;line-height:26px;padding:10px 60px;}
.font1{color:#3216A4;line-height:28px;padding:10px 60px; }
h3{text-align:center;}
```

运行网页，可得到如图 2-7 所示效果。

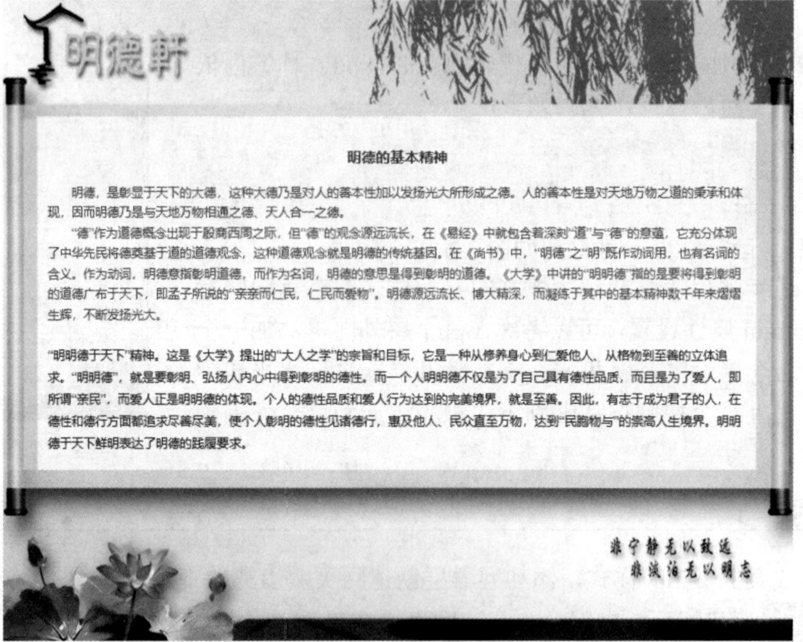

图 2-7 一列布局效果

说 明

- 通过修改 header、footer、section 等标签样式布局一个页面，如果其他页面对这些标签有不同的样式要求，则这个样式表文件中的标签不能重用。
- 如果希望布局标签能在网站的各个页面反复重用，可提炼共性样式进行重定义。

子任务 2.2.2　制作一列自适应宽度布局网页

自适应布局也是网页设计中常见的布局形式。自适应布局能够根据浏览器窗口的大小，自动改变其宽度和高度值，对不同分辨率的显示器都能提供较好的显示效果。实际上，布局标签默认状态占据整行的空间，便是宽度为100%的自适应布局的表现形式，一列自适应宽度布局只需要将宽度由固定值改为百分比值的形式即可。

案例 2-4

创建一个宽度自适应的一列布局页面，步骤如下。

一列自适应宽度布局页面

01 新建网页。在 ch02 网站中添加网页文件 index2_4.html，在 css 样式表文件夹中新建布局样式表文件 layout.css，在网页中引用 layout.css 和 style.css 两个样式表文件。

02 创建 css 样式。在 layout.css 文件中新建容器样式，宽度单位设置为百分号（%），考虑到导航可以在其他页面共用，因此选择重定义 nav 标签，内容区和页脚样式每个页面略有不同，因此使用自定义的 ID 样式，样式定义如下：

```
#container{width: 70%; margin:auto;}
#top{ height:230px;background-color:#f6f6f6;background-image: url
("../images/top2.jpg"); background-repeat:no-repeat; background-
position:40px;}
nav{background-image:url("../images/nav3.jpg");height:35px;}
#content {background-color:#F7F5FF;}
#foot {background-color:#333333;height:10px;}
```

在 style.css 样式表文件中定义一个类样式，用于设置内容区文字样式，代码如下：

```
.style1{line-height:30px;padding:10px 20px;}
```

03 添加内容层。在页面的<body>标签中添加容器层和布局层，添加布局层的目的是让网页整体结构更清晰，在内容区添加文字，代码如下：

```
<div id="container">
    <header>
        <div id="top"></div>
    </header>
    <nav></nav>
    <main>
        <div id="content">
            <div>这里添加文字内容</div>
        </div>
    </main>
    <footer>
        <div id="foot"></div>
    </footer>
</div>
```

运行页面，效果如图 2-8 所示。

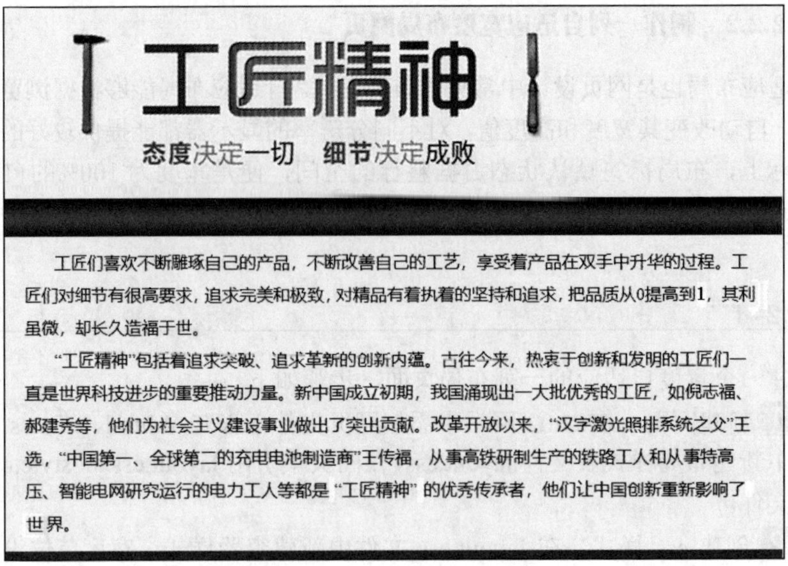

图 2-8　宽度为百分比值设置的页面

说　明

- 一般情况下，容器和内容区的整体高度不做定义。
- 自适应宽度时，布局层图片在背景宽度变化时需要考虑图片是否变形。

任务2.3　制作图文混排的网页

任务描述： 使用布局标签或 div 标签+CSS 样式布局页面，在页面中添加文字和图片，设置图片和文字样式，完成图文混排页面的制作。

子任务 2.3.1　在网页中插入图片

图片是网页的重要组成元素，网页中使用的图像格式主要有 GIF（图形交换格式）、JPEG（联合图像专家组标准，包括 JPG 和 JEPG）和 PNG（可移植网络图形）三种。其中，GIF 最多只能显示 256 种颜色，可以制作网络动画及透明图像，适用于色彩要求较低的导航条、按钮、图标和项目符号等。JEPG 压缩率很高，可显示约 1670 万种颜色，适用于对色彩要求较高的风景画、照片等。PNG 是一种替代 GIF 格式的无专利权限制的格式，它包括对索引色、灰度、真彩色图像以及 Alpha 通道透明的支持。

图片可以直接插入网页中，也可以作为背景出现在网页中，图片素材选取和制作时需要考虑图片大小对网页加载的影响。

插入图像

1. 插入图像

在 Dreamweaver 平台的设计视图界面插入图像主要有下面几种方法。

- 选择菜单“插入”→“Image”命令。
- 在“插入”面板中单击图像按钮。
- 在“文件”面板中选中图像并拖曳到文档中。
- 在“资源”面板中选中图像并单击“插入”按钮 插入 或直接拖曳到文档中。
- 在源视图下编写插入代码。

在 Hbuilder X 开发平台直接编写代码插入图片，图片标签为<img>，是一个自封闭的标签，属性 src 用于指定图片路径，属性 alt 用于设置当图片不能顺利加载时显示的提示文字信息。以插入 images 文件夹下的图片为例，插入图片代码如下：

```
<img src="images/flower1.jpg" width="190" height="130" alt="梅花" />
```

2. 在 Dreamweaver 开发平台中设置图像属性

将图像插入指定位置后，还可以利用图像的“属性”面板设置图像的属性，以便达到最佳效果，如图 2-9 所示。

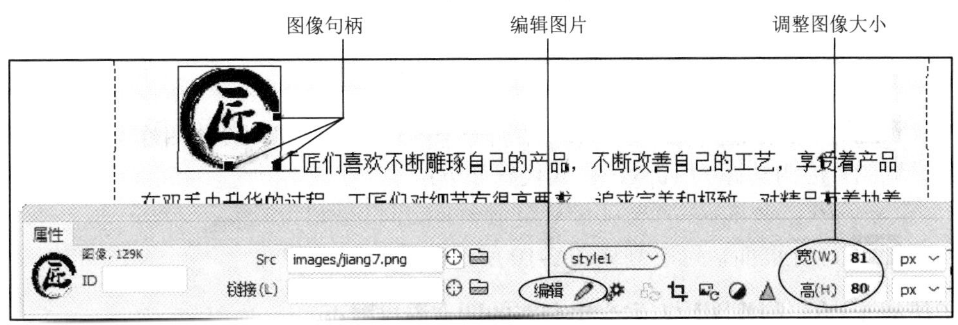

图 2-9　图像“属性”面板

（1）改变图像大小

图片的宽和高是指在浏览器中为图片预留的宽度和高度，默认单位是像素，也可以以点、英寸、毫米为单位，可以在图像“属性”面板中修改图片的宽度和高度，也可以在选中图片后拖动图像四周出现的黑色方形句柄修改图片的大小。

（2）编辑图像

利用编辑工具可对图像进行裁剪、优化、修改图像的锐度、亮度和对比度等。

子任务 2.3.2　制作简单的图文混排网页

网页中插入图片后，图片和文字的对齐方式默认如图 2-9 所示，文字在底端与图片对齐，要实现文字与图片在顶端对齐，需要设置图片为浮动样式。

案例 2-5

通过设置图片浮动样式，制作如图 2-10 所示文字环绕图片的网页效果，步骤如下。

简章图文混排效果制作

01 新建网页文件，命名为 index2_5.html，参照案例 2-4 完成页面设计，文字所在层引用类样式 style1。

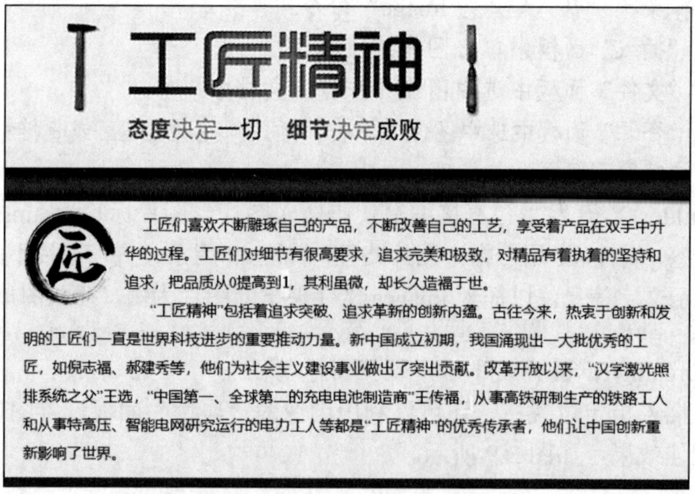

图 2-10　文字环绕图片效果

02 在网页文字内容中添加图片 jiang7_m.png。

03 在 style.css 样式表文件中添加一个图片复合样式，设置图片浮动属性，并设置图片右内边距为 10px，样式代码如下：

```
.style1 img{float:left;padding-right:10px;}
```

04 运行页面，可看到如图 2-10 所示效果。

子任务 2.3.3　制作图片左右交错分布的图文混排网页

案例 2-6

一列布局图文混排网页制作

在案例 2-3 的基础上，在内容区添加图片，定义浮动样式实现图文混排效果，制作如图 2-11 所示图文混排的网页，步骤如下。

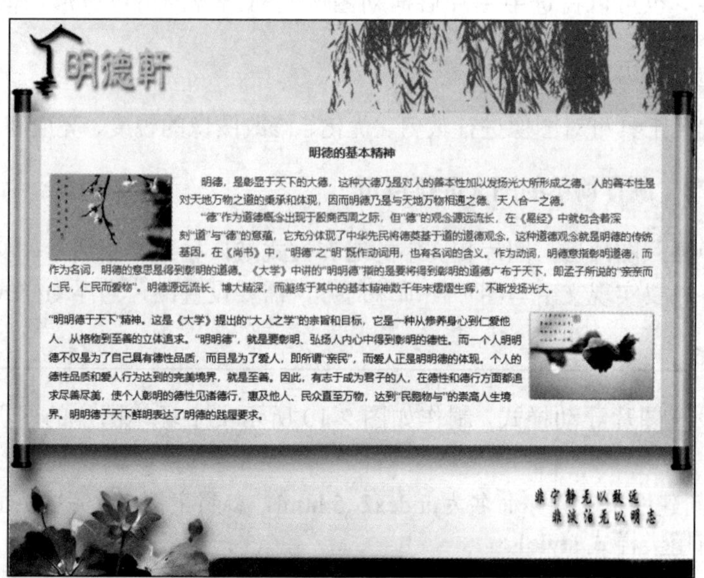

图 2-11　图文混排网页效果

01 新建网页文件 index2-6.html，参照案例 2-3 所完成的网页文件 index2_3.html 完成页面制作。

02 在 section 所在层中添加图片，在 font1 所在层中添加另一张图片。

03 在 layout2.css 样式表文件中添加图片浮动属性设置，设置 section 层中的图片向左浮动，设置 font1 层中的图片向右浮动，同时设置图片与文字的间隔距离，样式代码如下：

```
section img{float:left;padding-right:10px;}
.font1 img{float:right;padding-left:10px;}
```

根据运行效果调整图片与文字的间隔值。

运行页面，可得如图 2-11 所示效果。

说　明

- img 是系统定义图片标签样式，该样式默认文字在图片的底端对齐，如果需要修改文字与图片的对齐环绕格式，则需要重新定义图片的标签样式。
- 如果按如下代码重新定义图片标签样式 img，则对网页中的所有图片适用，网页中所有图片都将在网页的左侧。

```
img {float: left;}
```

上机实训

1. 根据所学知识，仿真完成如图 2-12 所示项目，可参考新浪网科技频道内容完成。

2. 根据所学知识，仿真完成如图 2-13 所示项目。

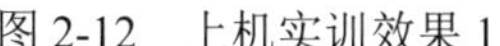
图 2-12　上机实训效果 1

图 2-13　上机实训效果 2

3. 根据所学知识，完成如图 2-14 所示图文混排页面效果图的制作。

兰花赏析

垂花兰 花绿褐色，唇瓣具许多红色小斑点，花蜡质，有光泽，细弱（上种无光泽，丰满），唇瓣上的纵褶片仅到达唇瓣 中部。垂花兰产我国台湾（台北、高雄），锡金、印度也有分布，常生于海拔300-1000米阴湿密林中树上。垂花兰花期 长，且有香气，可种植于花坛边缘与花境及疏林地被供观赏。垂花兰宜种植于空气流通的环境。性喜阴，忌阳光直射，喜湿润，忌干燥，15℃至30℃最宜生长。35℃以上生长不良。5 ℃以下的严寒会影响其生长力，这时，兰花常处于休眠状态。如气温太高加上阳光曝晒则一两天内即出现叶子灼伤或枯 焦。如气温太低又没及时转移进屋里，则会出现冻伤的现象。 垂花兰是肉质根，适合采用富含腐殖质的砂质壤土，排水性能必须良好，应选用腐叶土或含腐殖质较多的山土。微酸性 的松土或含铁质的土壤，pH值以5.5-6.5为宜。

冬凤兰是大花蕙兰的一个品种，既有国兰的幽香典雅，又有洋兰的富贵气。花期持久，具有极高的观赏价值，而且还具有食用、药用和食品添加等方面的价值，有极大的发展前景。兰花宜种植于空气流通的环境。性喜阴，忌阳光直射，喜湿润，忌干燥，15℃至30℃最宜生长。35℃以上生长不良。5℃以下的严寒会影响其生长力，这时，兰花常处于休眠状态。如气温太高加上阳光曝晒则一两天内即出现叶子灼伤或枯焦。如气温太低又没及时转移进屋里，则会出现冻伤的现象。冬凤兰是大花蕙兰的一个品种，既有国兰的幽香典雅，又有洋兰的富贵气。花期持久，具有极高的观赏价值，而且还具 有食用、药用和食品添加等方面的价值，有极大的发展前景。

墨兰可谓栽培赏玩历史悠久且影响深远。除融人传统的中国兰花文化，更赏其幽香高洁、秀逸清雅，以其喻德人喻君子喻节操，将其升华为一个文化的符号外，还有其独特的文化表现，如宋元明清乃至近现代中国画画兰就极少取材于墨兰，而多为取材于建兰、春兰。而近现代由于墨兰产区广东、福建一带受西洋文化的影响较多，就常有以油画、水彩画、粉画画墨兰者，这在画建兰、春兰中是极少见的。广州、珠江三角洲、潮汕一带的建筑物装饰和木雕也多有以墨兰为图案的。值得一提的是墨兰的兰盆，近二三百年来，由于各地对各品种兰花的栽培不同而形成了各种特色的盆具，如云南、贵州的瓮罐，四川的桶盆，江浙的敞口中矮盆等等。而最具气度、最考究的要数著名民窑佛山石湾窑烧制的墨兰兰盆。这类兰盆款式颇多，多为陶胎、仿釉的彩色敞口大盆。盆身有瓜棱纹的，有多彩色开光堆塑的，有盆口呈荷叶波浪边的；而最大众化的一种是浅绿色的敞口瓜棱盆。这种敞口大盆很适合栽培高大壮旺传统品种的墨兰，置放于岭南园林的亭廊台阁中显得非常大方高雅。

蕙兰的“蕙”字，在战国时楚国大诗人屈原的《楚辞》中已出现。其辞曰：“既滋兰兮九畹，又树蕙兮百亩。” 能确认为今天人们所说之蕙兰的“蕙”的，是后来宋代的诗人、书法家黄庭坚所写的《书幽芳亭》中的“一干一华而香有余者兰，一干五七华而香不足者蕙”的蕙。宋代人栽培春兰、蕙兰作为观赏植物已很风行，有必要对这类香草作些区分，黄庭坚这两句话一锤定音，成为后人区分春兰与蕙兰的根据，现代植物分类学也据此把这类春末开花的一干多华的兰定名为蕙兰。如果说黄庭坚对兰与蕙只是从其性状上加以区别的话，清代朱克柔的《第一香笔记》已注意到兰与蕙的不同的栽培方法了。他说：“蕙性喜阳，须得上半日三时之晒……至兰，则朝暾一二足矣。”清代乾隆、嘉庆、道光年间，蕙兰已有不少名品，如大一品、程梅、关顶、上海梅、潘绿梅、荡字等。

图 2-14 上机实训效果 3

混合式教学附录

案例 2-2 任务分工表

任务	一列固定宽度页面制作
任务 1	创建网站、创建网页（注意命名规范）
任务 2	在网站中添加图片素材（可从网站 http://jx.gdgm.cn/skills/wv/30764673 下载）
任务 3	创建样式表文件，并在网页中添加对样式表文件的引用
任务 4	参考网页运行效果图，在样式表文件中定义头部区样式
任务 5	参考网页运行效果图，在样式表文件中定义内容区样式
任务 6	参考网页运行效果图，在样式表文件中定义页脚区样式
任务 7	在网页文件中添加布局标签（或添加层引用样式）
任务 8	参考网页运行效果，完善网页并运行

其他案例可参考案例 2-2 的任务分工进行分组练习。

交流讨论

1. 分析下电脑版网页的版面宽度一般设置多大比较合适。
2. 分析下手机版网页的版面宽度一般设置多大比较合适。
3. 分析一列自适应宽度布局页面对图片的要求。
4. 网上找一个网页，分析这个网页是否有设置内边距或外边距。
5. 在网页的最外围加容器层有什么好处？
6. margin 的作用有哪些？
7. padding 内边距有什么作用？
8. 怎样理解命名规范是一种约定？

单元测试

1. 某层引用了 width:900px;padding:10px;的样式后，该层的总占位宽为（　　）。
   A. 900px　　B. 920px　　C. 910px　　D. 无法计算
2. 关于样式的优先级说法正确的是（　　）。
   A. 内联样式>!important
   B. 内部样式>外部样式>!important
   C. !important>内联样式>内部样式>外部样式
   D. 以上都不正确
3. 设置一个边框线为 1px 的实线蓝色边框代码为（　　）。
   A. border:1px #00f soild;　　B. border:1px soild #00f;
   C. border: #00f soild 1px;　　D. border: soild 1px #00f;
4. 下面样式的属性值设置中，可以让引用该样式的层处于页面居中状态的是（　　）。
   A. margin:0 auto;　　B. margin:auto;
   C. margin:auto 0px;　　D. margin:0;

5. 某网站根目录下的 CSS 文件夹中有一个名为 layout.css 的样式表文件，则在根目录下的网页文件引用方式为（　　）。

A. <link href="layout.css" rel="stylesheet" type="text/css" />

B. <link href="CSS/layout.css" rel="stylesheet" type="text/css" />

C. <link href="CSS/layout.css" rel="stylesheet" />

D. <link href="layout.css" rel="stylesheet" />

6. 下面样式设置中，可以使一行文字在一个层的垂直方向居中显示的是（　　）。

A. 设置文字所在层的行高与层的高度一致　　B. 设置文字样式 text-vertical:middle;

C. 设置文字样式 text-align:center;　　D. 设置层的高度与文字的高度一致

7. 下面关于样式优先级的说法中，不正确的是（　　）。

A. 同名样式中，内部样式中定义的优先级大于外部样式表文件中定义的同名样式

B. 相同优先级的样式表中定义多个同名样式，按定义的先后顺序确定优先级，先定义的优先级低，后定义的优先级高

C. 浏览器样式的优先级是最高的

D. 各个样式表的优先级根据选择符确定，原则是应用范围越广的选择符级别越低，限制条件越多、应用范围越小的选择符优先级越高

8. 关于背景图片，下面说法错误的是（　　）。

A. 背景图不指定重复属性则默认是重复的

B. 背景图需要设置好高度属性

C. 背景图可以不需要明确指定高度和宽度属性

D. 背景图上可以添加文字和图片元素

9. 如果设置背景图的 background-position 属性值时只提供了一个位置值，则（　　）。

A. 第 2 个位置值默认为 top　　B. 第 2 个位置值默认为 center

C. 第 2 个位置值默认为 right　　D. 第 2 个位置值默认为 left

10. 伪类具有哪些形态（　　）。

A. :link　　B. :hover　　C. :visited　　D. :focus　　E. :active

11. 嵌入在 HTML 文档中的图像格式可以是（　　）。

A. *.gif　　B. *.tif　　C. *.png　　D. *.jpg

学习自评与互评

序号	评价内容	重要性	个人自评	同学互评	教师评价
1	CSS 盒子模型的理解，了解 CSS 的样式分类和样式的命名规范	★★★★☆			
2	样式规则的优先级别	★★★☆			
3	一列固定宽度和自适应宽度页面的制作	★★★★☆			
4	在网页中插入图片，并设置图片的浮动样式	★★★☆			
5	制作图文混排的页面	★★★★★			
6	小组任务表现	★★★☆			
7	交流互动表现	★★★			
8	上机实训任务	★★★★			
9	单元测试	★★★☆			

项目 3 多列布局页面制作

知识目标

1. 掌握多列布局页面的制作关键技术
2. 掌握 CSS 样式在网页中的应用
3. 了解网页布局的多种形式

能力目标

1. 能够制作复杂布局的网页
2. 能够熟练使用 CSS 样式美化网页

思政目标

1. 感受网页之美
2. 了解现代诗，弘扬传统文化，树立文化自信
3. 树立环保意识、爱护生态环境意识

互联网上电脑端的网页，绝大部分以多列布局的形式出现，主要有二列布局、三列布局和多列布局页面的制作。二列布局或多列布局也像一列布局一样需要在网页最外围添加容器层，通过设置最外围容器层居中可使整个页面居中显示。并排层外围也可以添加容器层，并排层后面的内容层，一般需要设置清除浮动的影响。

任务3.1 掌握二列布局页面的制作

任务描述：了解常规的二列布局页面设计方案，根据页面主题内容，设计制作二列布局页面，并使用 CSS 样式美化页面。

子任务 3.1.1 了解网页中常见的二列布局方案

二列页面的布局方案有很多种，大部分可参考图 3-1 和图 3-2 进行布局。

头部区
导航区
左侧内容区
右侧内容区
页脚区

图 3-1　二列布局参考 1

头部区
导航区
左侧内容区
右侧内容区
页脚区

图 3-2　二列布局参考 2

子任务 3.1.2　二列布局页面制作案例

案例 3-1

二列布局页面布局样式设计

创建名为 ch03 的网站，添加 images 和 css 文件夹，在 images 文件夹中添加图片素材，在 css 文件夹中添加两个样式表文件，分别命名为 layout.css 和 stylesheet.css，在 layout.css 中定义页面布局样式，在 stylesheet.css 中定义文字图片等网页元素样式。使用 CSS+Div 布局二列页面的步骤如下。

01 创建文件。新建网页文件命名为 index3_1.html，在网页文件的<head>标签中添加对样式表文件的引用，代码如下：

```
<link href="css/layout.css" rel="stylesheet" type="text/css" />
<link href="css/stylesheet.css" rel="stylesheet" type="text/css" />
```

02 定义布局层样式。根据网页功能区划分，在相应的功能区域添加布局标签，但为了使布局标签在网站的其他页面可继续重用，这里不重新定义布局标签样式。在样式表文件 layout.css 中定义#container1、#header1、#nva1、#left_side1、#right_side1、#footer1 和.clearfloat 样式，其中：

① #container1：作为页面布局的容器层，容器层宽度为 1000px，margin 设置为 auto，使容器层在浏览器中居中显示，添加内部浮动列溢出处理，代码如下：

```
#container1{width:1000px;margin:auto;overflow:hidden;}
```

② #header1：定义页眉样式，高度为背景图片的高度 200px，代码如下：

```
#header1{background-image:url(../images/top1.jpg);height:200px;}
```

③ #nva1：定义导航栏层的背景，设置行高与背景图片的高度一致，使导航文字在导航层的垂直方向也能居中显示，代码如下：

```
#nav1{line-height:32px;height:32px;background-image:url(../images/
nav2.jpg);}
```

④ #left_side1：将两列中左边列、左边层的宽度设为 550px、高度设为 550px，添加背景图，定义为向左浮动，代码如下：

```
#left_side1{width:550px;height:550px;background-image:url(../images/
1_3.jpg);float:left;}
```

⑤ #right_side1：设置右边层的宽度为 450px、高度为 550px，设置背景颜色为#FFD，定义为向左浮动（也可以定义为向右浮动），代码如下：

```
#right_side1{width:450px;height:550px;background-color:#FFD;float:
```

```
left;}
```

⑥ #footer1：底部层在两个浮动层的下方，因此需要清除浮动继承，使 clear 属性值为 both。添加背景图片或背景颜色，代码如下：

```
#footer1{background-color:#CBE11C;height:10px;clear:both;}
```

⑦ .clearfloat：清除浮动层，可能需要多次引用，所以定义为类样式，设置清除浮动层后，#footer1 样式可以不再设 clear 属性，代码如下：

```
.clearfloat {clear:both;height:0;line-height:0px;}
```

为了实现二列布局页面，并列的层采用了浮动属性 float。float 属性是 CSS 布局中非常重要的属性，用于控制对象的浮动布局方式，float 的可选参数为 none、left、right。none 表示对象不浮动；left 表示对象向左浮动；right 表示对象向右浮动。

层按添加次序默认从上到下排列，同一行有两个层水平排列，则要设置层的浮动，设置了层的向左或向右浮动后，会影响到它后面所添加的层的排列，需要对后面的层添加清除浮动的属性设置。

03 添加布局层并引用样式。完成样式编写后，在 HTML 页面代码视图下的<body>标签内添加功能布局标签 header、nav、article 和 footer 对网页进行功能划分，再在各个功能区添加布局层并引用样式，代码如下：

二列布局页面的布局层

```
<body>
    <div id="container1">
      <header> <!--头部区-->
         <div id="header1">
            <div class="style1">汪国真诗集</div>
         </div>
      </header>
      <nav>  <!--导航区-->
         <div id="nav1">  </div>
      </nav>
      <article>   <!--内容区-->
         <div id="left_side1"><!--添加左侧栏内容-->
         </div>
         <div id="right_side1"><!--添加右侧栏内容-->
         </div>
      </article>
      <div class="clearfloat"></div>
      <footer>  <!--页脚区-->
         <div id="footer1"></div>
      </footer>
    </div>
</body>
```

04 添加网页元素内容并设置样式。

添加二列布局页面的内容

① 在 header1 头部层中添加层，层里添加文字，在 stylesheet.css 样式表文件中新建类样式 style1，设置字体颜色为白色、楷体、36 号，设置行高与 header1 层的调试一致，使文字在垂直方向能居中显示，再设置文字水平居中对齐。代码如下：

```
.style1 {
    font-size: 36px;color: #FFF;text-align: center; line-height:
200px;font-weight:bold;}
```

② 在 left_side1 层中输入两篇文章，可放在段落 p 元素内或添加在 div 元素

内。在 stylesheet.css 样式表文件中添加针对文章标题和针对文章内容分别设置的类样式 style2 和 style3。

设置用于文章标题的 style2 样式为楷体、24 号、褐色、加粗，并设置文字水平居中；设置用于文章内容的 style3 样式为楷体、16 号、浅褐色、加粗、行距 25px，为了使文字距左边层左右边距有一定的间隔，设置左内边距为 10px、右内边距为 5px。样式代码如下：

```
    .style2 {    font-family: "楷体"; font-size: 24px; font-weight:bold;
color: #900; text-align: center;     }
    .style3 {    font-family: "楷体"; font-size:  16px;line-height:25px;
color: #960; padding-right: 5px;padding-left: 10px;text-align:left;font-
weight: bold; }
```

③ 在网页源代码视图中，文章标题引用类样式 style2，文章内容引用类样式 style3。

④ 在上一步完成的文字层下面继续添加一个层，层里添加图片，设置图片在该层水平居中对齐，上边距为 10px，设置类样式 pic 并引用，代码如下：

```
    .pic{padding-top:10px;text-align:center;}
```

⑤ 在右边层添加《我不期望回报》的诗，设置类样式 style4 控制诗的标题文字，设置类样式 style5 控制诗的内容样式，代码如下：

```
    .style4 {font-size: 24px;font-weight:bold;color:#060; text-align:
center;padding-top:30px;padding-bottom:20px;}
    .style5{color:#090;font-size:18px;line-height:2;text-align:
 center;}
```

05 浏览网页，效果如图 3-3 所示。

图 3-3　四行二列固定宽度居中布局网页效果

任务3.2　三列布局页面制作

任务描述： 了解互联网常规的三列布局页面设计方案，根据页面主题内容，设计制作三列布局页面，并使用 CSS 样式美化页面。

子任务 3.2.1　了解网页中常见三列布局方案

目前大部分门户网站的主页是三列布局格式，三列布局能使网页展示更多的内容，常见的三列布局页面如图 3-4 和图 3-5 所示。

头部区
导航区
左侧内容区
中间栏内容区
右侧内容区
间隔区、广告区
中间栏内容区
右侧内容区
页脚区

图 3-4　三列布局参考 1

头部区
导航区
左侧内容区
中间栏内容区
右侧内容区
广告区
左侧内容区
中间栏内容区
右侧内容区
页脚区

图 3-5　三列布局参考 2

子任务 3.2.2　三列布局页面制作案例

案例 3-2

完成如图 3-6 所示三列布局页面效果，步骤如下。

定义三列布局层样式

图 3-6　四行三列固定宽度居中布局网页效果

01 新建网页文件命名为 index3_2.html，在<head>标签内引用外部样式表文件 layout.css 和 stylesheet.css。

02 定义布局层样式。在 layout.css 样式表文件中添加布局层样式，布局层包括容器层、头部层、导航层、左侧内容层、中间内容层、右侧内容层和页脚层，样式定义如下。

① #container2：定义页面容器层，设置宽度为 1040px，margin 属性值为 auto，使容器层在页面居中，添加内部浮动列溢出处理，代码如下：

```
#container2 {width:1040px;margin:auto;overflow:hidden;}
```

② #header2：定义页眉样式，添加背景图片，设置高度为 250px，代码如下：

```
#header2 {
    background-image:url(../images/r1.gif);height:250px;}
```

③ #nav2：定义导航样式，添加背景图，代码如下：

```
#nav2 {background-image: url(../images/nav_bg_hover.jpg);height:
30px;}
```

④ #content-left：三列中的左边列，添加背景图片，设置层的宽度和高度为背景图片的宽度和高度，设置层向左浮动，代码如下：

```
#content-left{background-image:url(../images/r2.gif); height:350px;
width:210px;float: left;  }
```

⑤ #content-middle：中间层定义为向左浮动，添加背景图片，设置宽度和高度属性，由于容器层宽为 1040px，左右层背景图片宽为 210px，中间层背景图片宽为 600px，因此需要定义左右外边距使得中间层和左右边层之间有一定的间隔，根据宽度计算设置层之间的间隔为 10px，代码如下：

```
#content-middle{background-image:url(../images/r4.jpg);height:350px;
width:600px;float:left;margin-right:10px;margin-left:10px;}
```

⑥ #content-right：右边层定义为向右浮动，添加背景图片并设置宽度和高度，代码如下：

```
#content-right{background-image:url(../images/r3.gif);height:350px;
width:210px;float:right;  }
```

⑦ #footer2：底部层在三列内容层的下方，由于内容层有浮动，因此在添加页脚层前需要添加一个清除浮动的层。在页脚层添加背景图片，设置背景高度，代码如下：

```
#footer2{background-image:url(../images/sub_bg.jpg);height:
30px;}
```

⑧ .clearfloat：清除浮动层，当一个层前面有两个以上通过浮动设置的并列层时，则需要对这个层进行清除浮动继承。例如，页脚层前面有三个并排的内容层，则需要对页脚层清除浮动，可以在页脚层样式代码中添加样式：clear:both；也可以在页脚层前添加一个层，引用清除浮动的样式实现，这样#footer 样式可以不再设 clear 属性，代码如下：

```
.clearfloat {clear:both;height:0;line-height:0px;}
```

添加三列布局层

03 添加层代码并引用样式。在网页文件 index3_2.html 文件的<body>标签内添加功能布局层 header、nav、main、footer 划分功能区，在这些功能区内分别添加层，并引用上面定义的布局样式，代码如下：

```
<body>
    <div id="container2"><!--页面容器层-->
        <header><!--头部区-->
            <div id="header2"></div>
        </header>
        <nav><!--导航区-->
            <div id="nav2"></div>
        </nav>
        <main><!--内容区-->
            <div id="content-left"><!--添加左侧栏内容-->
            </div>
            <div id="content-middle"><!--添加中间栏内容-->
            </div>
            <div id="content-right"><!--添加右侧栏内容-->
            </div>
        </main>
        <div class="clearfloat"></div>
        <footer><!--页脚区-->
            <div id="footer2"></div>
        </footer>
    </div>
</body>
```

说　明

层<div class="clearfloat"></div>引用的是案例 3-1 中定义的清除浮动的样式，因为上面三个层都设置了浮动，如果不添加清除浮动层，则下面的页脚层将继承浮动的效果。

添加三列布局层页面的内容

04 按图 3-6 的效果分别添加“格物致知”“明德格物”“厚德载物”三个内容区的文字内容，并设置样式。

运行页面，效果如图 3-6 所示。

任务3.3　多列布局页面制作

任务描述：了解互联网常规的多列布局页面设计方案，根据页面主题内容，设计制作出复杂的多列布局页面，并使用 CSS 样式美化页面。

子任务 3.3.1　了解网页中常见多列布局方案

四列以上布局的页面相对较少，一般是在三列布局或二列布局的某个布局层上嵌套二列布局效果。常见多列布局效果如图 3-7 和图 3-8 所示。

头部区
导航区
左侧内容区 | 右侧内容区
间隔区、广告区
右侧内容区
页脚区

图 3-7　多列布局参考效果 1

头部区 | 导航区
左侧内容区 | 中间栏1内容区 | 中间栏2内容区 | 右侧内容区
广告区
左侧内容区 | 中间栏1内容区 | 中间栏2内容区 | 右侧内容区
页脚区

图 3-8　多列布局参考效果 2

定义多列布局层样式

子任务 3.3.2　多列布局页面制作案例

案例 3-3

创建如图 3-9 所示的多列布局网页。分析网页布局，可以看出网页由固定宽度和自适应宽度两部分组成，其中导航和页脚为自适应宽度，其他部分为固定宽度，内容区整体可分为三列布局，页面布局结构如图 3-10 所示。完成如图 3-9 所示多列布局页面效果图的步骤如下。

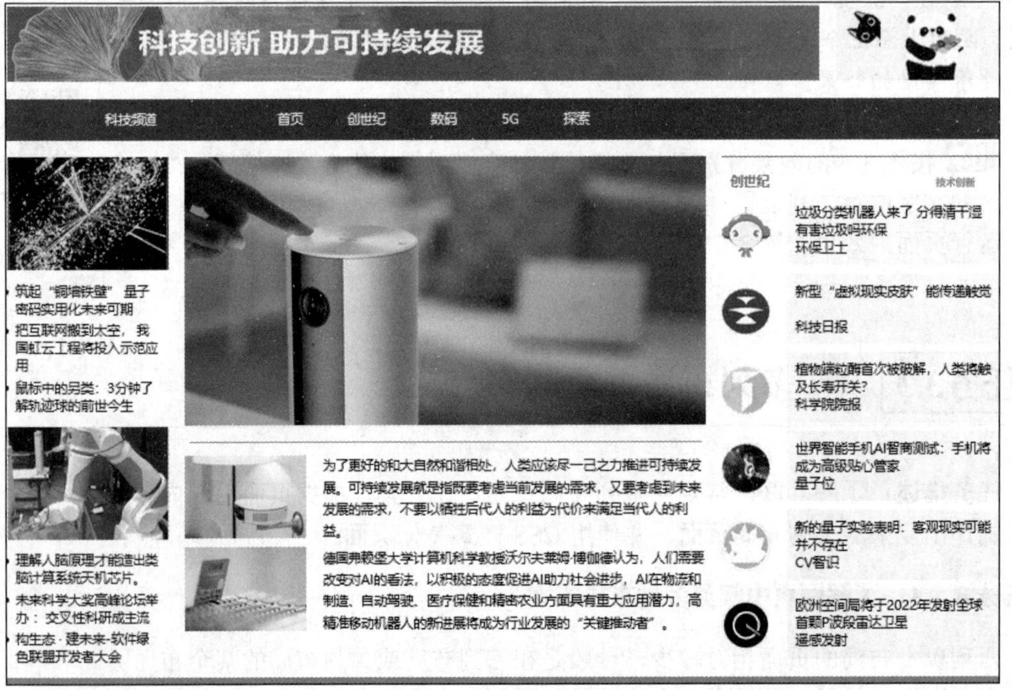

图 3-9　多列布局页面

01 新建网页文件命名为 index3_3.html，在<head>标签内引用外部样式表文件 layout.css 和 stylesheet.css。

头部区1
头部区2
导航区：自适应宽度
左侧内容区
中间栏内容区
右侧内容区
页脚区：自适应宽度

图 3-10 多列布局页面结构

02 定义布局层样式。在 layout.css 样式表文件中添加布局层样式，布局层包括容器层、头部层、导航层、左侧内容层、中间栏内容层、右侧内容层和页脚层，样式定义如下。

① 定义页面容器层#container3：设置宽度为 1240px，margin 属性值为 auto，使容器层在页面居中，添加溢出处理，代码如下：

```
#container3 {width:1240px;margin:auto;overflow:hidden;}
```

② 定义页眉样式，从效果图可看到头部分两个部分，分别用#header3-1 和#header3-2 定义不同背景的两个样式，样式均设置向左浮动，在头部层右侧添加了两张图片，设置好图片之间的间隔，编写相应的样式，代码如下：

```
#header3-1{width:1000px;height:90px;float:left;background-image:
url("../images/top3-1.jpg");}
#header3-2{background-color:#f8f8f8;width:200px;float:left; margin-
left:20px;height:90px;}
#header3-2 img{padding:5px 10px;margin:0px;float:left;}
```

③ 定义导航样式#nav3：导航宽度为自适应宽度，代码如下：

```
#nav3{margin:20px  auto;width:100%;height:50px;  background-color:
#3b3b3b;}
```

④ 定义三列中的左边列#left_side3：根据图片素材设计左侧栏宽度为 200px，设置层向左浮动，代码如下：

```
#left_side3{width:200px;float:left;}
```

⑤ 定义中间层样式#content3：根据中间栏内容区图片宽度估算中间栏内容区宽度为 640px，再设置中间栏和左右内容区的间隔为 20px，设置层为向左浮动，代码如下：

```
#content3{width:640px;float:left;margin-left:20px;margin-right:20px;}
```

⑥ 右边层定义#right_side3：设置层为向右浮动，添加背景图片并设置其宽度，代码如下：

```
#right_side3{width:360px;float:right;}
```

⑦ 定义页脚样式 #footer3：底部层在三列内容层的下方，由于内容层有浮动，因此在添加页脚层前需要添加一个清除浮动的层。页脚层添加背景图片，设置背景高度，代码如下：

```
#footer3{background-color:#808080;height:10px;}
```

⑧ 清除浮动层样式.clearfloat，代码如下：

```
.clearfloat {clear:both;  height:0;line-height:0px;}
```

添加多列布局层

03 添加布局层并引用样式。在网页文件 index3_3.html 文件的<body>标签内添加功能布局层 header、nav、main、footer 划分功能区，在这些功能区内分别添加层，并引用上面定义的布局样式，代码如下：

```
<header><!--头部区---->
<div id="container3">
    <div id="header3-1"></div>
    <div id="header3-2">
        <img src="images/top3-3.gif" width=45;height=80;/>
        <img src="images/top3-2.jpg" width=85 height="85"/>
    </div>
</div>
</header>
<div class="clearfloat"></div>
<nav><!--导航区---->
    <div id="nav3"></div>
</nav>
<div class="clearfloat"></div>
<div id="container3"><!--内容区---->
    <div id="left_side3"></div>
    <div id="content3"></div>
    <div id="right_side3"></div>
  </div>
    <div class="clearfloat"></div>
  <footer><!--页脚区---->
    <div id="footer3"></div>
  </footer>
```

04 添加导航内容。因为导航为自适应宽度，在导航内添加内容时，需要考虑页面缩放对内容位置的影响。在导航层内继续添加一个层，定义该层宽度与头部层容器宽度一样，并设为在页面居中，层里的内容设置为相对位置，设置层中文字样式和行高，考虑到文字块之间需要间隔，将文字块放在<span>标签内，设置 span 复合样式，样式代码如下：

```
    .nav3_1{color:#fff;fong-family:黑体;line-height: 50px;position:
relative;width:1000px;margin:auto;}
    .nav3_2{position:relative;left:150px;}
    .nav3_2 span{padding-right:50px;}
```

在 nav3 层内添加文字内容，每个内容块放在<span>标签内，代码如下：

```
    <div id="nav3">
    <div class="nav3_1">科技频道<span class="nav3_2"><span>首页</span>
<span>创世纪</span> <span>数码</span> <span>5G</span> <span>探索 </span>
</span></div> </div>
```

添加多列布局页面的内容

05 添加左侧内容层内容。向 left_side3 层添加内容，步骤如下。

① 在 index3_3.html 的源代码视图的 left-content 层中添加四个层，按效果图分别添加图片和列表文字，其中列表文字用<li>文字内容</li>表示，左侧栏内容区代码如下：

```
    <div id="left_side3">
        <div><img src="images/l1.jpg" alt=""/></div>
        <div class="style3_1">
            <li>筑起“铜墙铁壁”量子密码实用化未来可期</li>
            <li>把互联网搬到太空，我国虹云工程将投入示范应用</li>
```

```
            <li> 鼠标中的另类：3分钟了解轨迹球的前世今生</li>
        </div>
        <div><img src="images/l2.jpg" alt=""/></div>
        <div  class="style3_1">
            <li> 理解人脑原理才能造出类脑计算系统天机芯片。</li>
            <li> 未来科学大奖高峰论坛举办：交叉性科研成主流</li>
            <li>构生态 · 建未来-软件绿色联盟开发者大会</li>
        </div>
    </div>
```

② 设置li列表文字样式，使列表文字有一定的内边距，代码如下：

```
    .style3_1{padding:10px;}
    .style3_1 li{padding-bottom:5px;}
```

06 设置中间栏内容样式。按效果图，从上往下添加四层，第一层中添加图片，将第二层设置为一条下边框线，第三层和第四层中分别按效果图添加文字和图片，设置为图文混排效果。其中，section元素仅用作内容区标志，不重新定义样式，中间栏内容代码如下：

```
    <div id="content3">
        <div><img src="images/m1.jpg" width:640px;height:320px;
alt=""/></div>
        <div class="line3_2"></div>
        <section>
            <div class="con3">
              <img src="images/c1.jpg" alt=""/>为了更好地和大自然和谐相处，
人类应该尽一己之力推进可持续发展。可持续发展就是指既要考虑当前发展的需求，又要考虑
到未来发展的需求，不要以牺牲后代人的利益为代价来满足当代人的利益。</div>
            <div class="clearfloat"></div>
            <div class="con3">
              <img src="images/c2.jpg" alt=""/>德国弗莱堡大学计算机科学教
授沃尔夫莱姆·博伽德认为，人们需要改变对AI的看法，以积极的态度促进AI助力社会进步，
AI在物流和制造、自动驾驶、医疗保健和精密农业方面具有重大应用潜力，高精准移动机器人
的新进展将成为行业发展的“关键推动者”。 </div>
        </section>
    </div>
```

第二个层引用的样式line3_2和图文混排设置的样式代码如下：

```
    .line3_2{border-top:2px solid #808080;margin:15px 5px 15px 5px;}
    .con3{line-height:26px;margin-bottom:10px;height:100px;}
    .con3 img{float:left;padding-right:20px;}
```

07 添加右侧栏内容层。效果图中右侧栏最上面为一根线，线型样式用line3-1表示，线下面文字添加到一个层中，代码如下：

```
    <div class="line3_1"></div>
    <div class="style3_2">创世纪 <span class="style3_3">技术创新</span>
</div>
```

定义线型和文字样式，代码如下：

```
    .style3_2{line-height:35px;color:#008387;font-weight: bold;
padding-left:10px;height:35px;}
    .style3_3{position:relative;left:200px;width:80px;font-size:
12px;color:#DD6666;}
    .line3_1{border-top:2px solid #008387;margin-bottom:10px;}
```

文字下方采用二列布局设计。以第一个图文为例，内容区添加代码如下：

```
<div class="pic3"><img ="images/ss1.png" alt="" width="60" height="60"/></div>
<div class="info3"> 垃圾分类机器人来了 分得清干湿有害垃圾吗环保<br/>环保卫士 </div>
```

相应的二列布局样式代码如下：

```
.pic3{float:left;width:60px;height:60px;margin-right:20px;padding-top:14px;}
.info3{float:left;width:240px;height:64px;background-color:#f8f8f8;padding:10px;margin-bottom:10px;}
```

右侧栏中其他的二列布局可参照完成。

08 添加页脚布局层，页脚层样式代码如下：

```
#footer3{background-color:#808080;height:10px;}
```

运行网页，可得如图 3-9 所示效果。

上机实训

1. 采用 CSS+Div 布局，根据所给素材实现如图 3-11 所示的页面 shangji1.html。操作步骤如下。

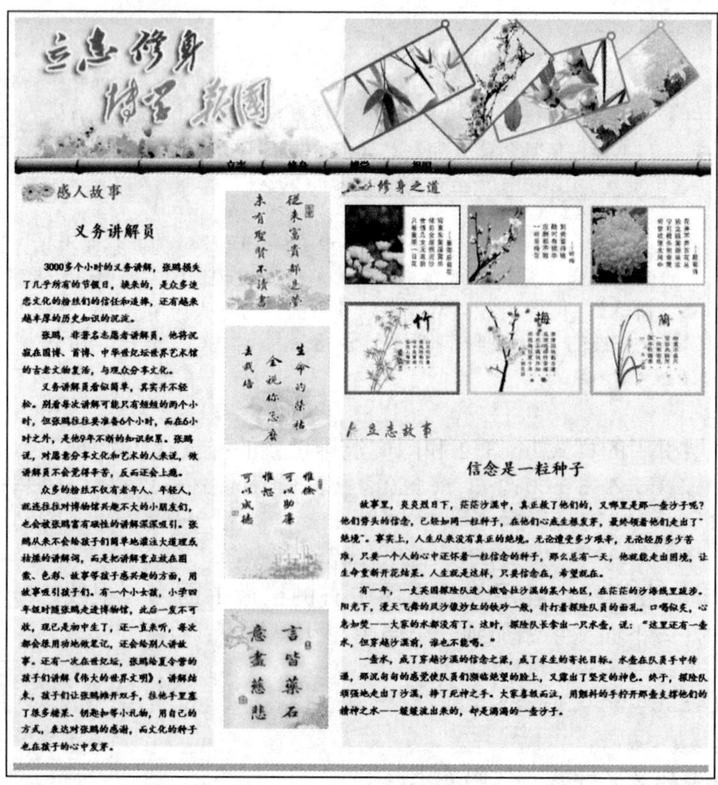

图 3-11 上机实训效果 1

1）分析页面布局为四行三列，根据所给素材图片，确定每一层总宽度为 1000px。

2）添加布局层。

① 新建一个 ID 样式 header1，设置背景图片，方框的宽度为 1000px、高度为

196px，margin 属性值为 auto。

② 新建一个 ID 样式 nav1，设置背景图片，图片在 X 轴方向重复，设置方框的宽度为 1000px、高度为 25px，margin 属性值为 auto。

③ 新建一个 ID 样式 container，设置方框宽度为 1000px、高度为 750px，margin 属性值为 auto，添加背景图片。

④ 新建一个 ID 样式 left_main，设置方框的宽度为 290px，浮动属性为向左浮动。

⑤ 新建一个 ID 样式 center，设置方框的宽度为 180px，浮动属性为向左浮动。

⑥ 新建一个 ID 样式 right，设置方框的宽度为 530px，浮动属性为向右浮动。

⑦ 新建一个 ID 样式 bottom，设置方框的宽度为 1000px、高度为 10px，margin 属性值为 auto，clear 属性设为 both，清除浮动。添加背景图片，图片可重复。

3）在<body>标签内添加布局层结构，参考代码如下:

```
<header><div id="header1"></div></header>
<nav><div id="nav1"></div></nav>
<div id="container">
    <section><div id="left_main"></div></section>
    <section> <div id="center"></div></section>
    <section> <div id="right"></div></section>
</div>
<footer><div id="bottom"></div><footer>
```

4）在 nav1 层内添加导航文字，设置文字样式。

5）在<div id="left_main">标签后添加一个<div></div>层，设置一个类样式 style2，添加背景，设置层高度为 30px，在背景上添加“感人故事”，设置字体样式。该层引用 style2 样式：<div class="style2"> 感人故事</div>。在这个层后再继续添加层，在层内添加故事，分别设置标题和文字内容样式。

6）在层<div id="center"></div>内添加一个层，引用类样式 style1，<div id="center"><div class="style1"></div></div>，在层内添加四张图片。

7）新建类样式 style4，设置背景图片，图片不重复，方框高度为 30px。在层<div id="right"></div>内添加一个层，并引用样式 style4，代码为<div id="right"><div class="style4"></div></div>。

8）继续在右边层内添加一个层，引用类样式 pic，层内添加图片，设置.pic img 复合样式，使得图片在层内向左浮动，设置合理的图片间隔。

9）新建样式 style6，设置背景图片，图片不重复，方框高度为 30px。继续在右边层内添加一个层，引用样式 style6：<div class="style6"></div>。

10）继续添加层，在层内输入文字，设置文字标题格式和内容格式。

2. 采用 CSS+Div 布局，根据所给素材实现如图 3-12 所示的页面效果。

提示如下:

- 内容区左侧栏和右侧栏的图片和文字可采用图文混排方式实现，也可以用二列布局方式实现。
- 内容区左侧栏和右侧栏的间隔线可以通过设置下边框线的方式实现。
- 内容区中间栏内容可用列表项实现，并修改列表项的列表符号为自定义的图片。

3. 参考如图 3-13 所示的页面，以乡村振兴为主题，制作一个 CSS+Div 布局的多列页面，展示农村发展新风貌。

图 3-12　上机实训效果 2

图 3-13　上机实训效果 3

提示如下：

- 导航层下面的内容区由三部分组成：第一部分由 shopping go 层、自由自载层和专题推荐三个层并排组成；第二部分由五个层并排组成；第三部分由风景名胜标题和五个图片组成。
- 内容区第二部分标题文字为链接文字。

4. 仿照新浪网站的科技频道网页，制作一个科技网页。

混合式教学附录

案例 3-1 任务分工表

任务	创建二列布局网页
任务 1	创建网站、创建网页、创建样式表文件（注意命名规范），并在网页中添加样式文件的引用
任务 2	在网站中添加图片素材（可从网站 http://jx.gdgm.cn/skills/wv/30764673 下载）
任务 3	在样式文件中添加容器层样式，并在网页中添加容器层，引用相关样式
任务 4	在样式文件中添加头部层样式，并在网页中添加头部层，引用相关样式
任务 5	在样式文件中添加导航层样式，并在网页中添加导航层，引用相关样式
任务 6	在样式文件中添加左边层和右边层样式
任务 7	在网页文件中添加左边层和右边层，并引用样式
任务 8	参考网页运行效果，完善并运行网页

其他案例可参考案例 3-1 的任务分工进行分组练习。

交流讨论

1. 多列布局页面，您觉得最关键的步骤是什么？
2. 多列并排内容层高度是否都必须要设置？
3. 如果做个自己的个人介绍页面，您会设计成几列布局页面？
4. 为什么在并排层后面一般要添加一个清除浮动影响的层？
5. 多列布局中能添加图文混排的效果吗？举个网页例子说明
6. 什么情况下图文混排的效果可设计成二列布局？
7. 分析下腾讯、新浪、搜狐这几个门户网站主页面布局设计有什么共同点和不同点？
8. 分析下腾讯、新浪、搜狐这几个门户网站科技频道页面的布局设计特点。
9. 分析您所在学校网站的主页和内容页的布局设计。
10. 您觉得本单元学习的重点和难点是什么？

单元测试

1. 下列对并列的层的描述中正确的是（　　）。
   A. 并列的每个层需要分别设置宽度，并且需要设置浮动
   B. 要在并列层的外面增加一个容器层
   C. 并列的层可设置 margin 属性值为 auto
   D. 并列的层总占位宽度的总和不能超过外围容器层的宽度
2. 下列样式设置中可以清除层的浮动继承的是（　　）。
   A. .clearfloat{ clear:both;}
   B. .clearfloat{ clear:both;height:0;font-size:0; }
   C. .clearfloat{ float:left;}
   D. .clearfloat{clear:left;}
3. 关于容器层，下列说法正确的是（　　）。
   A. 可以给容器层定义 margin 值为 auto　　　B. 可以给容器层定义宽度属性

C. 可以给容器层定义浮动属性　　D. 容器层必须定义好高度属性

4. 下列关于布局元素如 header、nav、section 等的说法正确的是（　　）。

A. 可以根据需要重定义样式　　B. 可以像 div 元素一样使用

C. 可以只当作布局块标识直接使用　　D. 不能再引用类样式

5. 并排层的总占位宽计算为（　　）。

A. 每个层的 width 属性值之和

B. 每个层的 width 属性和内外边距属性值之和

C. 每个层的 width 属性和内外边距属性和边框属性值之和

D. 上述都不对

6. 一个层中所引用的样式设置了背景图（background-repeat 属性没有设置），另外，设置 padding 属性为“padding:5px 10px;”，下面说法正确的是（　　）。

A. 背景图将铺满包括 padding 内边距在内的层

B. 背景图将铺满除 padding 内边距之外的层

C. 背景图将只显示原图片大小

D. 上述都不对

7. 根据命名规范，用作定义页面布局样式的样式表文件合理的命名是（　　）。

A. style.css　　B. stylesheet.css　　C. layout.css　　D. print.css

8. 关于多列布局，下面说法错误的是（　　）。

A. 多列布局一般可分解为较简单的二列或三列布局的组合

B. 多列布局设计时注意内容的间隔，否则容易产生混乱感

C. 多列布局并排层的总宽度不要超过最外围容器层的宽度

D. 多列布局一般设计为不固定宽度

9. 四个层并排，分别引用样式 con1、con2、con3 和 con4，其中 con1、con3 和 con4 这三个样式都设置为向右浮动，con2 样式向左浮动，则四个层从左到右的排列顺序为（　　）。

A. con4、con3、con2、con1　　B. con4、con2、con3、con1

C. con2、con1、con4、con3、　　D. con2、con4、con3、con1

10. 多列布局最关键的代码是（　　）。

A. 设置好并排层的宽度　　B. 设置好并排层的高度

C. 设置好并排层的 margin 属性　　D. 设置并排层的浮动属性

学习自评与互评

序号	评价内容	重要性	个人自评	同学互评	教师评价
1	二列布局页面的制作	★★★★★			
2	三列布局页面的制作	★★★★★			
3	多列布局页面的制作	★★★★☆			
4	小组任务表现	★★★☆			
5	交流互动表现	★★★			
6	上机实训任务	★★★★			
7	单元测试	★★★☆			

项目 4

超链接与导航制作

知识目标

1. 学会制作文字和图片链接
2. 使用 CSS 样式设计链接伪类样式
3. 制作图片背景的横向和竖向导航
4. 制作颜色背景的横向和竖向导航

能力目标

1. 能够制作不同背景的横向和竖向导向
2. 能够使用 CSS 样式设计导航的伪类样式

思政目标

了解网页的发展历程，增强使命担当意识

任务4.1 了解超链接

任务描述：超链接是 WWW 技术的核心，是网页中最重要、最根本的元素之一。利用超链接能够使多个孤立的网页之间产生一定的相互联系，从而使原本单独的网页形成一个有机的整体，利用超链接还可以将网页链接到图像文件、多媒体元素和下载程序等。本任务要求理解并掌握不同超链接的设置方式。

子任务 4.1.1 掌握文字链接的设置

4.1.1.1 关于链接路径

在创建文字链接之前，首先了解网站中三种类型的文档路径：绝对路径、根目录相对路径和文档相对路径。

- 绝对路径：是包含服务器协议（对于网页来说通常是 http://www 或 ftp://）的完全路径，绝对路径包含的是精确地址而不用考虑源文件的位置。但是如果目标文件被移动，则链接无效。创建外部超链接时必须使用绝对路径。
- 根目录相对路径：是从当前站点的根目录开始的路径。站点上所有可公开的文件都存放在站点的根目录下。根目录相对的路径使用斜杠告诉服务器从根目录开始。例如，要进入根目录下 images 文件夹，可用/images 表示，也可直接写文件夹名称。如果从下一级目录返回上一级目录，可用../表示。

- 文档相对路径：是指和当前文档所在的文件夹相对的路径。这种路径通常是最简单的路径，可用于链接和当前文档处于同一文件夹下的文档。

文本和图片链接

4.1.1.2 文本链接的语法

文字链接写在标签<a></a>内，以<a>开始，以</a>结束，需要通过属性 href 指定链接路径，链接路径可以通过属性面板设置，也可以通过源视图写代码方式实现；通过 target 属性指定网页的打开方式。链接文字默认为蓝色字体并带下划线。

在网页上选择需要添加超链接的文本，则 Dreamweaver 开发平台上的"属性"面板变为文本"属性"面板。选择要设置链接的文本后，在"属性"面板上指定文字的链接目标。如图 4-1 所示，可按以下几种方法指定文字的超链接。

图 4-1 设置链接的"属性"面板

- 在文本框中直接输入目标的绝对路径。
- 利用"属性"面板上的指向文件按钮，为文本添加超链接。
- 单击"文件夹"按钮，在弹出的对话框中选择要链接的网页文件。

选择相关链接文件后，可发现选中的文本下面出现下划线，说明建立了链接。

在"属性"面板中选择目标右侧的下拉列表，设置单击链接文字后打开链接页面的方式。

- blank：每次将目标文件载入新的浏览器窗口中。
- new：将目标文件载入新建的页面中，如果没有新建浏览器窗口，则打开一个页面；如果已有新建的窗口，则在新窗口中打开该链接页面。
- parent：将目标文件载入父框架集或包含该链接的框架窗口中。
- self：将目标文件载入与该链接相同的框架或窗口中。
- top：将目标文件载入整个浏览器窗口并删除所有框架。

注 意

在使用框架时，目标中的选项会根据框架的结构自动添加选框架标题，_parent、_top 一般在框架页面时有效。

以链接到百度主页为例，在页面中输入"百度"，在"属性"面板的网址输入文本框输入百度网站的完整网址：http://www.baidu.com，用_blank 方式打开页面，则在源视图中可看到链接代码为：

```
<a href="http://www.baidu.com" target="_blank">百度</a>
```

如果使用 HBuilder X 开发平台，则直接在网页代码中输入链接代码。

4.1.1.3　了解邮件链接

邮件链接通过设置一个<a href="mailto:邮箱">显示名称</a>的方式实现。以设置联系我们的邮件链接为例，代码如下：

```
<a href="mailto:123456@qq.com">联系我们</a>
```

在 Dreamweaver 平台可以通过执行菜单命令“插入”→“HTML”→“电子邮件链接”，在打开的对话框中填写邮箱和显示名称的方式辅助完成设置。

4.1.1.4　了解下载链接

在网页中建立下载链接的步骤如下。

1）在文件中添加要下载的文档的名字，如“量子计算机.docx”。

2）选择文档名称文字，单击“属性”面板“链接文件”后面的选择文件夹按钮，找到需要链接的目标文件，单击“确定”按钮完成下载链接的设置，可提供 Word 文档、PPT 文档、图片、压缩包等文件类型的下载链接。设置下载链接后，链接文字会出现下划线表示链接设置成功，可通过设置链接样式，修改下载链接字符的样式，或在源代码视图中添加如下代码完成下载链接：

```
<a href="量子计算机.docx">量子计算机 </a>
```

4.1.1.5　了解空链接

空链接是指未指定目标的链接。为文本建立空链接时，首先在设计视图选定文本，然后在“属性”面板的“链接”文本框中输入数值符“#”即可。以将“首页”二字链接到空链接为例，在源代码视图中直接输入如下代码：

```
<a href="#">首页</a>
```

发布网站时需要检查是否存在空链接，一般网站发布时不允许有空链接。

子任务 4.1.2　掌握链接文字 CSS 样式的设计

1. 链接文字样式 a:link

如果不设置链接文字，则链接文字为默认的蓝色字体和带下划线的样式，如果需要修改链接样式，则需要设置相应的伪类样式。例如，设置链接文字样式为黑色、不带下划线，样式代码如下：

```
a:link{color:#000000;text-decoration:none;}
```

2. 鼠标经过样式 a:hover

链接文字可设置鼠标经过样式实现交互响应。以鼠标经过链接文字时，字体颜色变为红色、带下划线的样式设置为例，样式代码如下：

```
a:hover{text-decoration:underline;color:#f00;}
```

3. 访问过后链接样式 a:visited

访问过后的链接，如果不设置的话，文字默认为紫色，一般会将访问过后的链接设置成跟链接文字样式一样，两个样式用逗号间隔，代码如下：

```
    a:link,a:visited{color:#000000;text-decoration:none;}
```

注 意

链接样式按伪类样式的规定，要按 a:link、a:visited、a:hover 的顺序依次设计样式，否则部分样式可能无效。

子任务 4.1.3　掌握图片链接的设置

可以对图片设置链接，使得单击图片时可跳转到指定页面，与设置文字链接方法相同，图片链接以<a>开始，以</a>结束，通过 href 属性指定跳转路径，通过 target 属性指定网页打开方式。对 images 文件夹下的 c919.jpg 图片设置链接，以单击图片后跳转到 index4-1.html 页面为例，在代码视图编写图片链接代码如下：

```
  <a  href="index4-1.html"  target="_blank"><img  src="images/c919.jpg"
width="300" height="200" alt="c919中国制造大飞机" /></a>
```

在 Dreamweaver 平台上也可以通过图片的“属性”面板设置链接和目标的属性来设置图片链接，其中：

- 链接：指单击图片后跳转的目标页面或定位点的 URL，可单击“属性”面板链接文本框右侧的图标指向站内文件完成链接设置，也可单击文件夹图标，在弹出的对话框中选择网站内文件作为链接跳转页面，或在链接文本框中直接输入完成的 URL 地址作为链接跳转的页面。
- 目标：指链接时的目标窗口或框架，选择_blank 指每次都从一个空白页面打开要跳转的页面；选择 new 指新的页面打开后跳转到的页面（可以是上一个链接打开的新页面）。

任务4.2　普通文字链接导航的设计与制作

任务描述：网站导航是网站中最重要的元素，是网站提供给用户的最直接、最方便的访问网站各内容页的方式。网站导航主要包括横向导航、竖向导航、下拉及多级菜单导航三种形式。本任务学会制作基于链接文字的一级横向导航。

子任务 4.2.1　横向文字链接导航制作及应用

导航是网页中不可缺少的元素，可以通过链接文字实现横向导航。

案例 4-1

横向文字链接导航制作

在案例 3-1 的基础上添加导航文字链接，实现如图 4-2 所示的效果，实现步骤如下。

01 将案例 3-1 的 index3-1.html 文件、图片素材和相应的样式表文件复制到 ch04 网站中。

02 在引用了 ID 样式名为 nav1 的层里添加文字链接，代码如下：

```
<div id="nav1">
    <a href="index3_1.html" target="_blank">首页</a>
    <a href="index4_1.html" target="_blank">诗集</a>
    <a href="index4_2.html" target="_blank">花絮</a>
    <a href="index4_3.html" target="_blank">生平事迹</a>
</div>
```

03 修改导航层 nav1 样式，设置文字在水平方向居中，nav1 样式代码如下：

```
#nav1 {
        line-height:32px;height:32px;text-align:center;
        background-image:url(../images/nav2.jpg);
        }
```

04 添加链接文字样式，设置左右内边距或左右外边距，使得导航文字之间有一定的间隔，将导航字体设置为黑体、16 号、黑色、没有下划线，访问过后的样式和链接样式一样。当鼠标经过导航文字时添加浅绿色背景色，字体颜色变为白色。样式代码如下：

```
#nav1 a:link,#nav1 a:visited {
     font-family:"黑体";font-size:16px;color:#000;
     text-decoration:none;padding:5px 20px;
     }
#nav1 a:hover {color:#FFF;background-color:#3F0;}
```

05 运行页面，效果如图 4-2 所示。

新增加的导航，导航在水平和垂直方向基本居中，鼠标经过时更改背景色和字体颜色

图 4-2　添加导航文字链接后的页面效果

思　考

将#nav1 a:link, #nav1 a:visited 样式中的左右内边距修改为左右外边距时，观察当鼠标放在链接文字上方时的变化情况，分析原因。

子任务 4.2.2　图片背景的文字链接导航制作

很多时候链接导航会增加图片素材，图片可当作导航的背景使用，当鼠标经过时可切换图片。

案例 4-2

图片背景导航制作

图片导航一般给出的图片有固定的宽度和高度，使用图片作为链接文字背景时，需要设置链接样式的显示模式属性 display 为块状模式，但块状模式下，每个链接文字块变成块元素从上往下排列，因此需要再设置浮动属性。以制作如图 4-3 所示导航为例，步骤如下。

图 4-3　图片链接导航

01 新建网页文件命名为 index4-3.html，引用 css 文件夹下的 layout.css 样式表文件，将图片素材放在 images 文件夹中。

02 在<body>标签内添加一个层，引用名为 navpic 的 ID 样式，在层里添加文字链接，代码如下：

```
<div id="navpic">
    <a href="index4_3.html" target="_blank">首页</a>
    <a href="index4_1.html" target="_blank">明德</a>
    <a href="index4_2.html" target="_blank">格物</a>
    <a href="index4_3.html" target="_blank">致知</a>
</div>
```

03 在 layout.css 样式表文件中添加 ID 样式 navpic。分析图 4-3 所示的导航图可知，该导航共有四个导航块，每个导航块都有相同的背景图，图片宽度为 110px、高度为 32px；根据图片大小设置 navpic 样式的总宽度为 440px、高度为 32px；根据需要看是否需要设置 margin 的属性值。navpic 样式代码如下：

```
#navpic {width:440px;height:32px;margin:auto;}
```

04 添加链接文字样式。要使背景图正常显示出来，需要设置背景图的宽度和高度属性，需要把普通链接文字由内联元素修改为块元素显示模式。修改为块元素后，导航块变成从上向下的排列方式，此时再设置浮动属性，使导航块按水平方式排列。另外，设置文字在块内水平居中，设置访问过后的样式与链接样式一致。样式代码如下：

```
#navpic a:link,#navpic a:visited{ background-image: url(../images/menu.jpg);font-family:" 黑 体 ";font-size:16px;color:#fff;text-decoration:none;width:110px;height:32px;line-height:32px;display:block;text-align:center;float:left;}
```

05 设置鼠标经过样式。鼠标经过时更换为另一张背景图片，同时字体颜色也更换，样式代码如下：

```
#navpic a:hover {background-image:url(../images/menu_bg.jpg);color:#F00;}
```

运行页面，效果如图 4-3 所示。

任务4.3 列表导航制作

任务描述：除了使用链接文字实现导航效果外，还可以使用列表项元素<ul>和<li>的组合实现导航制作，导航本质上也是一种列表，可以理解为导航列表，每个列表数据就是导航中的一个导航频道，使用列表项制作的导航再加上 CSS 样式和脚本控制，可以制作出横向或竖向导航，可以是一级或多级的导航。本任务制作基于列表文字的一级横向和竖向列表导航。

子任务 4.3.1 了解列表文字与导航

无序列表项 ul 是 CSS 中使用广泛的元素，主要用来描述列表型内容，每个<ul></ul>表示其中的内容为一个列表块，块中的每一条列表数据用<li></li>来描述。基于列表项的链接代码如下：

```
<ul>
    <li><a href="#">列表内容1</a></li>
    <li><a href="#">列表内容2</a></li>
    <li><a href="#">列表内容3</a></li>
    <li><a href="#">列表内容4</a></li>
    …
</ul>
```

列表项是块元素，默认从上向下排列。基本列表项代码通过 CSS 样式控制，可以制作一级横向导航和一级竖向导航。制作多级导航需要在相应的 li 列表项中继续嵌套<ul>和<li>基本列表项代码，以上面的基本列表项为例，在其中一个 li 项中添加 ul 块，便成为二级导航列表，再加上脚本控件，即可制作二级导航，列表项代码修改如下：

```
<ul>
    <li><a href="#">导航块1</a>
        <ul>
            <li><a href="#">导航块1.1</a></li>
            <li><a href="#">导航块1.2</a></li>
            …
        </ul>
    </li>
    <li><a href="#">导航块2</a></li>
    <li><a href="#">导航块3</a></li>
    <li><a href="#">导航块4</a></li>
    …
</ul>
```

通过对 ul 列表项添加样式或脚本引用，可以完成一级或多级导航的制作。

子任务 4.3.2 带背景色的列表导航制作

颜色背景的列表导航制作

使用元素<ul>和<li>的组合实现横向导航制作，用无序列表 ul 中的 li 列表项放置导航的内容，把列表项 li 设置为向左浮动，即可实现水平导航的制作。

案例 4-3

制作如图 4-4 所示的水平导航，当鼠标经过导航块时背景颜色变深，步骤如下。

图 4-4 横向列表导航效果

01 新建网页文件命名为 index4_4.html，引用 css 文件夹下的样式表文件 layout.css。在网页文件的<head>标签中添加对外部样式表文件的引用，代码如下：

```
<link href="css/layout.css" rel="stylesheet" type="text/css" />
```

02 在<body>标签内或在导航层内添加无序列表项，通过设置<a href="链接网页地址">导航名称（列表项 li 名称）</a>设置 li 列表项文字链接。在设计视图可看到文字按列表的形式显示。假设将控制导航的类样式命名为 navlist1，则设置链接后的列表项代码如下：

```
<div class="navlist1">
  <ul>
    <li><a href="index4_4.html" target="_blank" >首页</a></li>
    <li><a href="index4_1.html" target="_blank" >敬业</a></li>
    <li><a href="index4_2.html" target="_blank" >精益求精</a></li>
    <li><a href="index4_3.html" target="_blank" >专注</a></li>
    <li><a href="index4_4.html" target="_blank" >创新</a></li>
  </ul>
</div>
```

03 设置列表块 ul 的样式。在外部样式表文件 layout.css 中新建一个名为.navlist1 的类样式，设置导航层的背景颜色和高度属性，估算每个 li 列表项的占位宽，再估算 ul 的总宽度，设计 ul 块水平居中显示，设置样式代码如下：

```
.navlist1{background-color:#3F51B5;height:50px;width:100%;}
.navlist1 ul{line-height:50px;margin:0px auto;width:625px;}
```

04 设置列表项 li 样式。新建一个复合内容样式.navlist1 li，设置 list-style-type 的属性值为 none，即不显示列表符号；设置 float 的属性值为 left，即使导航向左浮动，以水平方式排列，如果不设置这个属性值，则导航以垂直方式排列。代码如下：

```
.navlist1 ul li {float: left;list-style-type: none;}
```

05 设置文字链接样式和链接访问过后的样式。新建一个复合内容样式，用于设置 li 列表项的链接样式和访问后的样式，命名为.navlist1 li a:link, .navlist1 li a:visited，属性设置如下。

① 设置 color 属性为#fff，文本修饰属性值为 none，使<li>标签中的链接文字不带下划线。

② 设置显示模式为块模式，display 属性值为 block。

③ 设置文字在导航块中水平居中显示。

④ 设置左右内边距，使导航块与导航块之间有左右间隔。

⑤ 通过设置右边框线使导航块与导航块之间有个竖线间隔。

代码如下：

```
.navlist1 ul li a:link,.navlist1 ul li a:visited {color: #FFF;
text-align:center;text-decoration:none;display:block;
padding-right:20px;padding-left:20px;border-right-width:1px;
border-right-style:solid;border-right-color:#999;}
```

说　明

- 设置导航链接样式时，显示模式 display 属性的设置，会影响导航显示效果。
- 比较去掉 display:block;属性和将这个属性放到 li 样式后导航的效果。

06 设置鼠标经过链接文字样式。设置复合内容样式，命名为.navlist1 li a:hover，设置鼠标经过时背景颜色的变化，设置样式代码如下：

```
.navlist1 ul li a:hover {background-color: #313E84;}
```

07 运行网页，当鼠标经过列表项文字时可看到背景发生变化，单击列表项文字，可跳转到相关页面，效果如图 4-4 所示。

子任务 4.3.3　带背景图的横向列表导航制作

使用元素<ul>和<li>的组合，在列表项中添加图片背景方式实现横向列表导航制作。

案例 4-4

制作如图 4-5 所示带图片背景的列表导航，导航位于头部图片上，与头部图片底端对齐，背景图片包括两张图，宽度为 110px、高度为 32px，链接背景图为黑色图片，鼠标经过时背景图变为白色背景图，制作步骤如下。

图片背景的列表导航制作

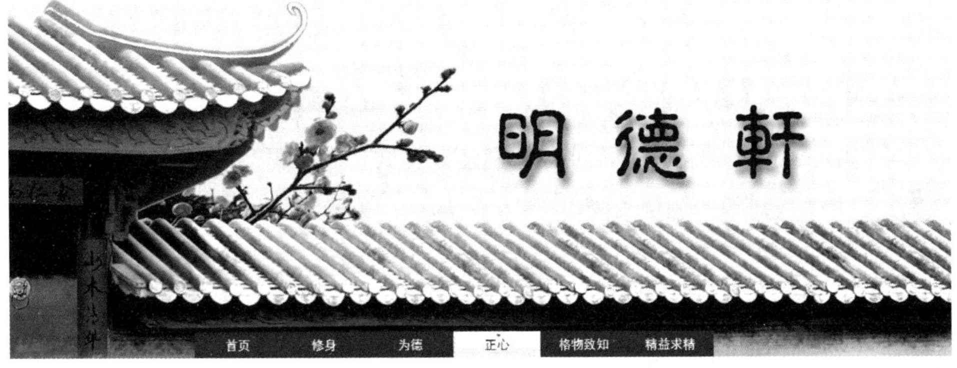

图 4-5　带图片背景的列表导航效果

01 新建网页文件命名为 index4-5.html，引用 css 文件夹下的 laout.css 样式表文件，将图片素材放到 images 文件夹中。

02 根据效果图 4-5，设计布局样式。在外部样式表文件 layout.css 中添加布局样式，包括容器层样式、头部层样式、导航层样式等。

① 容器层样式，根据头部图片的宽度设计容器层宽度为 1200px，添加溢出处理，容器层设置了宽度后，头部层、导航层等与容器层宽度一致的就不用再重复设计宽度，并且也不用再重复设置 margin:auto。容器层样式代码如下：

```
#container2{width:1200px;margin:auto;overflow:hidden;}
```

② 头部层样式，设置头部背景图片，代码如下，

```
#header2 {background-image:url(../images/pic.gif);height: 450px;
padding:0px;}
```

③ 导航层样式，设置导航层高度，代码如下：

```
#navlist2{height:32px;width:100%;}
```

④ 设计整体布局。在<body>标签内添加布局层，再在布局层内添加 div 层，代码如下：

```
<div id="container2">
    <header>
      <div id="header2"></div>
    </header>
    <nav>
      <div> 此处添加导航内容</div>
    </nav>
</div>
```

03 添加列表链接文字。在导航层添加图 4-5 中的列表文字，导航层引用名为 navlist2 的导航层样式，代码如下：

```
<nav>
    <div id="navlist2">
      <ul>
       <li><a href="index4_5.html" target="_blank" >首页</a></li>
       <li><a href="index4_1.html" target="_blank">修身</a></li>
       <li><a href="index4_2.html" target="_blank">为德</a></li>
       <li><a href="index4_3.html" target="_blank">正心</a></li>
       <li><a href="index4_4.html" target="_blank">格物致知</a></li>
       <li><a href="index4_5.html" target="_blank">精益求精</a></li>
      </ul>
    </div>
</nav>
```

导航层 navlist2 的样式只需要设置高度，样式代码如下：

```
#navlist2{height:32px;width:100%;}
```

04 编写列表项和链接样式。

① 编写列表项 ul 样式，通过每个 li 列表项的占位宽估算列表项 ul 的总宽度，在图 4-5 中，每个列表项的背景是图片背景，该图片宽度为 110px，共 6 个 li 块，因此估算 ul 宽度为 660px。另外，导航块在头部层下方，可以通过设置 ul 块外上边距为-32px 使页面运行时导航显示在头部层底端，使得列表项水平排列，代码如下：

```
#navlist2 ul{margin:-32px auto 0px auto;width:660px;}
#navlist2 ul li{float:left;list-style-type:none;}
```

② 编写 li 列表项的链接样式和访问过后的样式，每个链接项有背景图片，文

字在背景图中水平居中、垂直居中显示，代码如下：

```
    #navlist2 ul li a:link,#navlist2 ul li a:visited{ background-image:
url(../images/menu.jpg);font-family:" 黑 体 ";font-size:16px;color:#fff;
text-decoration:none;width:110px;height:32px;line-height:32px;display:
block;float:left;text-align:center;}
```

③ 编写鼠标经过样式，使得鼠标经过时更换图片和字体颜色，代码如下：

```
    #navlist2 ul li a:hover{color:#F00;background-image: url(../images/
menu_bg.jpg);}
```

子任务 4.3.4　带背景图的竖向列表导航制作

竖向列表导航制作

案例 4-5

制作如图 4-6 所示带图片背景的列表导航。一般竖向导航位于内容区的侧栏，背景图片包括两张图，宽度为 1px，高度为 40px，链接背景图为蓝色图片，鼠标经过时背景图为米黄色背景图，制作步骤如下。

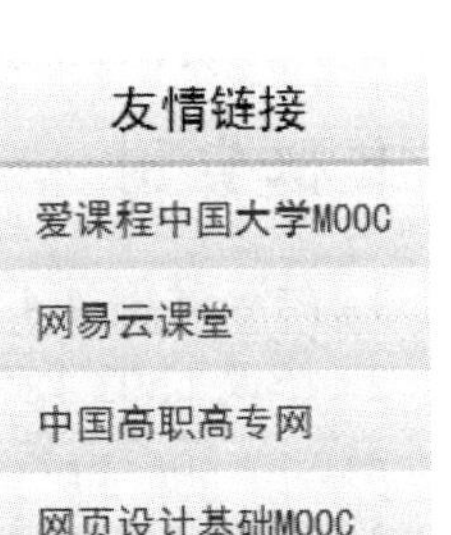

图 4-6　图片背景竖向导航

01 新建网页文件命名为 index4-6.html，引用 css 文件夹下的 laout.css 样式表文件，将图片素材放到 images 文件夹中。

02 根据效果图 4-6，将竖向导航放在<asider>标签中，在这个标签中添加列表项，导航层引用样式 navlist3，其中，“友情链接”另外引用类样式 first，代码如下：

```
    <aside>
        <div id="navlist3">
          <p class="first">友情链接</p>
          <ul >
            <li><a href="http://www.icourse163.org" target="_blank">爱
课程中国大学MOOC</a></li>
            <li><a href="http://study.163.com/" target="_blank">网易云课
堂</a></li>
            <li><a href="http://www.tech.net.cn" target="_blank">中国高
职高专网</a></li>
            <li><a href="http://www.icourse163.org/learn/GDGM-1002536020">
网页设计基础MOOC</a></li>
          </ul>
        </div>
    </aside>
```

03 添加样式。在外部样式表文件 layout.css 中添加列表层样式 navlist3，添加“友情链接”文字样式 first，“友情链接”文字用段落 p 进行标记，段落 p 有默认的外边距，需要设置 margin 属性为 0，取消默认边距对下面元素的影响，另外添加下边框线用于与下面的元素作间隔，代码如下：

```
    #navlist3{height:auto; width:100%;}
    #navlist3 .first{height:40px;width:180px;line-height: 40px; text-
align: center;background-image: url(../images/1_6.gif); margin:0px;
padding:0px;font-family:"黑体";font-size:20px;color:#000;border- bottom-
color:#45CDF0;border-bottom-width:3px;border-bottom-style:solid;}
```

04 编写列表项样式。ul 标签有默认的内、外边距，会影响跟上面 p 段落元素的连接，因此这里需要设置 ul 元素的内边距和外边距均为 0，对 li 列表项去掉默认的列表符号，代码如下：

```
#navlist3 ul{margin:0px;padding:0px;}
#navlist3 ul li{list-style-type: none;}
```

05 编写列表项链接样式和访问过后样式一致，添加列表项背景图，使列表项文字与左边有 20px 的距离，样式代码如下：

```
#navlist3 ul li a:link,#navlist3 ul li a:visited{ background-image:
url(../images/1_6.gif);font-family: "黑体";font-size: 16px;color: #333;
text-decoration:none;width:160px;padding-left:20px;height:40px;line-
height:40px;display:block; }
```

06 编写鼠标经过样式，使鼠标经过时变换背景图片和字体颜色。

```
#navlist3 ul li a:hover{color:#F00;background-image: url(../images/
1_7.gif);}
```

运行网页，效果如图 4-6 所示。

上机实训

1. 结合案例 4-4 和项目 3 的图 3-12，完成图 4-7 效果图的制作。

2. 修改 ch03 网站中案例 3-2 的 index3-2.html 网页文件，在导航层添加合适的导航。

3. 修改 ch03 网站中案例 3-3 的 index3-3.html 网页文件，在导航层添加合适的导航。

4. 为 ch03 上机实训 1 增加导航内容。

图 4-7 上机实训效果

混合式教学附录

案例 4–1 任务分工表

任务	横向文字链接导航制作
任务 1	创建网站、创建网页、创建样式表文件（注意命名规范），并在网页中添加样式文件的引用
任务 2	在网站中添加图片素材（可从网站 http://jx.gdgm.cn/skills/wv/30764673 下载）
任务 3	在样式文件中添加容器层样式、头部层样式、导航样式，并在网页中添加相应的层，引用相关样式
任务 4	在导航层中再添加层，然后添加作为导航的文字块，将文字块设置链接
任务 5	设置导航文字的链接样式、访问过后的样式
任务 6	设置导航文字鼠标经过的样式，在层中引用导航样式
任务 7	在网页文件中添加内容区的左边层和右边层，并设置样式
任务 8	根据效果图，在内容区左边层中添加文字图片等，设置样式
任务 9	根据效果图，在内容区右边层中添加文字图片等，设置样式
任务 10	参考网页运行效果，完善并运行网页

其他案例可参考案例 4-1 的任务分工进行分组练习。

交流讨论

1. 比较分析网页打开目标属性 target 设置为 new 和_blank 有什么区别？
2. 访问过后的链接文字样式不设置会怎样？
3. 导航块之间用内边距和用外边距设置水平间隔，什么情况下会有不同效果？
4. 比较案例 4-1 颜色背景的文字导航和案例 4-2 图片背景的文字导航样式设置的区别？
5. 比较列表导航和普通文字链接做的导航在样式设置方面有什么区别？
6. 比较带背景色和背景图片的横向列表导航在设置样式方面的区别？
7. 分析下腾讯、新浪、搜狐这几个门户网站的导航设计风格。
8. 分析所在学校网站的导航设计风格。
9. 分析淘宝、京东这类电商网站的导航。
10. 您觉得本单元学习的重点和难点是什么？

单元测试

1. 下列样式设置中可以使导航层文字在导航层垂直方向居中显示的是（　　）。
   A. #nav{line-height:32px;height:32px;}
   B. #nav{line-height:32px;text-vertical;middle;}
   C. #nav{ text-vertical;middle;height:32px;}
   D. #nav{ text-vertical;middle;}
2. 将一个列表项转变成横向排列的导航文字块，需要设置的样式是（　　）。
   A. 设置水平方向的间隔
   B. 设置 ul li 块浮动属性，ul li{float:left;}
   C. 设置垂直方向的间隔
   D. 去掉列表项默认的圆点符号：list-style-type:none;
3. 下列写法中可以链接到百度网页的是（　　）。
   A. <a href="http://baidu.com" target="new">百度</a>

B. <a href="baidu.com" target="new">百度</a>

C. <a href="百度">百度</a>

D. <a href="http://www.baidu.com" target="new">百度</a>

4. 文字做链接后如果不设置访问过后的链接样式，则单击链接后，链接文字的颜色会变成（　　）。

A. 蓝色　　B. 黑色　　C. 紫色　　D. 红色

5. 链接文字在层中水平居中时设置了（　　）属性。

A. 链接文字的行高与层高一致

B. 链接文字所在层设置了 text-align:center;

C. 链接文字所在层设置了 margin:auto;

D. 链接文字所在层设置了 margin:0 auto;

6. 当链接导航目标 target 设置为"new"时，下列说法中正确的是（　　）。

A. 单击每一个导航块，都会新打开一个页面

B. 原主页页面将被替换

C. 单击第一个导航块时新建一个页面并打开，但再单击其他导航块时，链接的页面将替换掉新建的那个页面

D. 以上都不对

7. 列表项样式写成#nav2_1 ul li a:link,#nav2_1 ul li a:visited{ }代表意思是（　　）。

A. 列表项链接样式和访问过后的样式一致

B. 只定义了列表项链接样式

C. 定义了列表项鼠标经过的样式

D. 只定义了文字链接样式

8. 横向列表导航每个列表块之间的水平间隔可以通过（　　）设置实现。

A. 在 ul li 列表样式中设置左、右内边距

B. 在 ul li a:link 的链接样式中设置左、右内边距

C. 在 ul li a:hover 的链接样式中设置左、右内边距

D. 在 ul 样式中设置左、右内边距

学习自评与互评

序号	评价内容	重要性	个人自评	同学互评	教师评价
1	文字链接、下载链接、邮件链接及链接文字样式设计	★★★			
2	图片链接	★★★			
3	带背景颜色的文字链接导航制作	★★★★☆			
4	带背景图的文字链接导航制作	★★★★☆			
5	带背景颜色的列表导航制作	★★★★★			
6	带背景图的列表导航制作	★★★★★			
7	小组任务表现	★★★☆			
8	交流互动表现	★★★			
9	上机实训任务	★★★★			
10	单元测试	★★★☆			

项目 5 表单页面制作

知识目标

1. 认识表单和表单对象
2. 了解 input 输入交互式表单应用
3. 了解列表项和预设选项元素应用
4. 了解无障碍访问表单元素应用
5. 了解日期和颜色控件应用

能力目标

1. 能够使用表单对象创建登录、注册页面
2. 能够使用 CSS 样式修饰表单元素

思政目标

了解互联网网络安全的法律法规相关政策，增加法治意识，增强使命担当

任务5.1 认识表单元素

任务描述：表单的用途很多，在制作网页，特别是制作动态网页时常常会用到。表单主要用来收集客户端提供的相关信息，使网页具有交互功能。例如，使用搜索引擎时输入信息的文本框便可以是表单对象；在进行用户注册时，也可以使用表单填写用户的相关信息等。表单是 HTML 页面与浏览器实现交互的重要手段。

子任务 5.1.1 认识表单 form 元素

1. 表单 form 元素

创建名为 ch05 的网站，并在网站中添加 images 文件夹用于存放图片素材，在网站中添加网页文件，命名为 index5_1.html，双击 index5_1.html 文件名进入文档编辑状态。

在 Dreamweaver 文档中可以通过菜单或工具栏方式插入表单，在 HBuilder X 平台中则通过编写代码方式插入表单，三种插入方法如下。

方法 1：在文档窗口中选定插入点，选择“插入”→“表单”命令插入表单。

方法 2：在文档窗口中选定插入点，单击“插入”工具栏“表单”选项卡中的“表单”按钮，或直接将“表单”按钮拖曳到文档中，均可插入表单。

方法 3：在 HBuilder X 平台中可直接在需要插入表单处输入如下代码：

```
<form></form>
```

插入的表单会在文档中以矩形虚线框显示，如图 5-1 所示。可在表单虚线框中插入诸如文本域、按钮、列表框、单选按钮、复选框等表单对象。

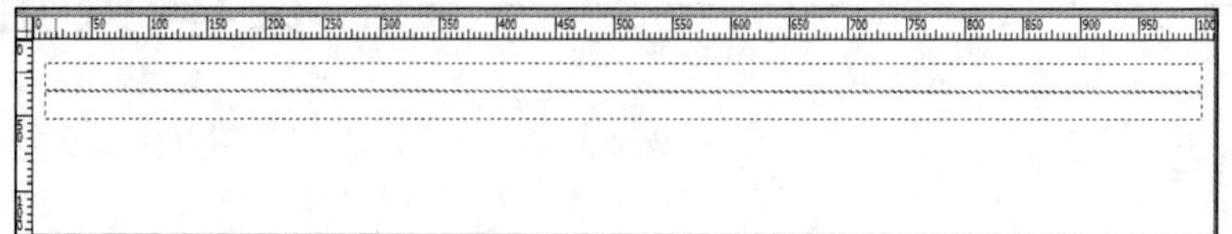

图 5-1　创建表单

提　示

在 Dreamweaver 平台网页中插入表单后，如果在页面中看不到表单边框，可选择“查看”→“可视化助理”→“不可见元素”命令将矩形虚线框显示出来。

注　意

页面中的矩形虚线框表示创建的表单，这个框的作用仅便于编辑表单对象，在浏览器中不会显示。另外，可以在一个页面中包含多个表单，但是不能将一个表单插入到另一个表单中（即 form 标签不能嵌套）。

2. 表单 form 常用属性

在 Dreamweaver 平台的文档窗口中选中插入的表单，表单“属性”面板如图 5-2 所示。

图 5-2　表单“属性”面板

表单的主要属性如表 5-1 所示。

表 5-1　form 元素的常用属性

属性名称	属性值	用途
ID	可以是字母或数字，但不能包含空格，用于标识表单的名称，每个表单的名称都不能相同	表单命名后，用户就可以使用 JavaScript 或 VBScript 等脚本语言引用或控制该表单
action	服务器处理脚本的 URL、文件名或路径	用户可以在此选项中直接输入动态网页的完整路径，也可以单击选项右侧的“浏览文件”按钮，选择处理该表单数据的动态网页
Method	包含 POST 和 GET 选项。其中，GET 是默认值	用于设置将表单数据传输到服务器的方法。其中，GET 将值附加到请求该页面的 URL 中，并将其传输到服务器。因为 GET 方法有字符个数的限制，所以适用于向服务器提交少量数据的情况。 POST 在 HTTP 请求中嵌入表单数据，并将其传输到服务器，所以该方法适用于向服务器提交大量数据的情况

续表

属性名称	属性值	用途
name	描述表单名称，以字母或数字开头，不能有空格	为表单命名，使客户端脚本语言能方便访问表单
Enctype	编码类型默认设置为 application/x-www-form-urlencode，通常与 POST 方法一起使用	用于设置提交给服务器处理的数据使用的编码类型
Accept Charset	可以设置为 UT-8 和 ISO5589-1	告知（服务器）客户端可以处理的字符集类型

3. 了解表单中的对象

表单是一个容器对象，用来存放表单对象，并负责将表单对象的值提交给服务器端的某个程序处理，所以在添加文本域、按钮等表单对象之前，要先插入表单。

结合不同的开发平台，向表单中插入表单对象的方法包括使用菜单工具辅助法和直接代码编写法。

方法 1：在 Dreamweaver 平台中将光标置于表单边界（即虚线框）内的插入点，在“插入”→“表单”级联式菜单中选择需要的对象。

方法 2：在 Dreamweaver 平台中将光标置于表单边界内的插入点，在“插入”面板“表单”标签中选中需要的表单对象按钮，按鼠标左键将其直接拖曳到表单边界内的插入点位置。

方法 3：在 Dreamweaver 平台或 HBuilder X 代码视图中直接录入表单对象代码。

表单对象包含文本、电子邮件、密码、数字、日期、隐藏、复选框、单选按钮、图像、文件、按钮等。在 Dreamweaver 平台可通过“插入”→“表单”命令插入相关的表单对象，如图 5-3 所示。在 HBuilder X 平台则可以通过直接录入代码方式实现。

图 5-3　Dreamweaver 平台的表单对象

子任务 5.1.2　了解 input 元素

<input>标记中的 type 属性可以设置为不同的属性值，对应不同的表单对象。

5.1.2.1　文本对象

<input>标记中的 type 属性值为 text 时为文本对象。文本对象是单行的文本输入框，在图 5-3 中可通过“插入”→“表单”→“文本”命令插入文本对象，或通过代码方式插入文本对象，示例代码如下：

表单和 input 元素

```
<input type="text" name="textfield" id="txtname">
```

其主要属性如下。

- type：默认属性值为 text，文本对象的标志。可在单行或密码类型中任选一个。type 属性为 password，表示此文本域为密码文本域，即在此文本域中接收的数据均以“*”显示，以保护数据不被其他人看到。

- id：文本框中输入对象被引用时的名称。通过 Dreamweaver 平台菜单方式插入文本对象时，系统会自动产生一个名称，默认为 textfield，如果有多个文本域，则在 textfield 名称后面添加数字序号。id 属性可由 label 元素和 CSS 样式使用。
- name：表单控件名称，便于客户端脚本语言或服务器端程序访问。
- maxlength：设置文本域中最多可显示的字符数。设置该选项后，若是多行文本域，标签中增加 cols 属性，否则标签增加 size 属性。如果用户的输入超过字符宽度，则超出的字数将不显示。
- size：设置文本框在浏览器中显示的宽度（以字符数计算），如果不设置，则按默认宽度显示。
- value：设置文本域的初始值，即在首次载入表单时文本域中显示的值。
- disabled：属性值设置为 disabled 时表示表单控件被禁用。
- readonly：属性值设置为 readonly 时表示表单控件为只读模式，不能编辑。
- autocomplete：默认为 on 值，表示浏览器将使用自动完成功能填写表单信息。
- autofocus：属性值设置为 autofocus 表示将光标定位到表单控件，并设置成焦点。
- required：属性值设置为 required 表示该字段必须输入信息，提交表单时浏览器会自动进行校验。
- accesskey：属性值为键盘字符，设置表单控件的键盘快捷键。
- tabindex：属性值为一个数字，当用户按键盘的 Tab 键时获得焦点的顺序。

5.1.2.2 密码框对象

<input>标记中的 type 属性值设置为 password 时，表示是密码框对象，示例代码如下：

```
<input type="password" name="pw" id="pword">
```

密码框常用属性同文本框。

5.1.2.3 邮箱地址输入对象

<input>标记中的 type 属性值设置为 email 时，表示是邮箱地址输入对象，可验证邮箱格式是否正确，示例代码如下：

```
<input type="email" name="myemail" id="Email">
```

5.1.2.4 电话号码输入对象

<input>标记中的 type 属性值设置为 tel 时，表示是电话号码输入对象，可验证电话号码格式是否正确。当浏览器不支持该表单控件时，则当作普通文本框控件使用，示例代码如下：

```
<input type="tel" name="mobil" id="mobil">
```

5.1.2.5 复选框对象

<input>标记中的 type 属性值设置为 checkbox 时表示是复选框对象；type 属

性值设置为 radio 时表示是单选按钮对象。复选框比文本框多一个 checked 属性，属性值设置为 checked 时为选中状态，示例代码如下：

复选框单选框按钮表单对象

```
<h3> 新时代十年，我们在哪些战略性新兴产业取得重要成果？</h3>
卫星导航 <input type="checkbox" name="chkhobby1" value="卫星导航" id="chkhobby0"> <br/>
载人航天 <input type="checkbox" name="chkhobby2" value="载人航天" id="chkhobby1"> <br/>
核电技术 <input type="checkbox" name="chkhobby3" value="核电技术" id="chkhobby2"> <br/>
深海探测 <input type="checkbox" name="chkhobby4" value="深海探测" id="chkhobby3">
```

效果如图 5-4 所示。

5.1.2.6　单选按钮

<input>标记中的 type 属性值设置为 radio 时表示是单选按钮对象。与复选框一样，单选按钮也比文本框多一个 checked 属性，属性值设置为 checked 时为选中状态。

一组单选按钮只能有一个选项被确定选中，因此，同一组单选按钮的 name 属性值必须相同，value 属性值则不能重复，示例代码如下：

```
男<input type="radio" name="RadioGroup1" value="man" id="RadioGroup1_0"><br/>
女<input type="radio" name="RadioGroup1" value="woman" id="RadioGroup1_0">
```

效果如图 5-5 所示。

5.1.2.7　隐藏字段

<input>标记中的 type 属性值设置为 hidden 时表示是隐藏字段。隐藏字段可以存储用户输入的信息，如姓名、电子邮件地址或查看方式，并在该用户下次访问此站点时使用这些数据。隐藏字段在网页中不显示，只是将一些必要的信息存储并提交给服务器。示例代码如下：

卫星导航 ☑
载人航天 ☑
核电技术 ☑
深海探测 ☑

图 5-4　复选框

男 ○
女 ○

图 5-5　单选按钮

```
<input type="hidden" name="sendmail" id="sendmail" value="company@163.com" >
```

5.1.2.8　提交按钮和重置按钮

<input>标记中的 type 属性值设置为 submit 时表示是提交按钮，type 属性值设置为 reset 时表示是重置按钮，示例代码如下：

```
<input type="submit" name="submit" id="submit" value="提交">
<input type="reset" name="reset" id="reset" value="重置">
```

5.1.2.9　搜索框输入对象

<input>标记中的 type 属性值设置为 search 时，表示是搜索框输入对象，示例代码如下：

```
<input type="search" name="keyword" id="search">
```

5.1.2.10 url 地址输入对象

<input>标记中的 type 属性值设置为 url 时，表示是 url 地址输入对象，示例代码如下：

```
<input type="url" name="address" id="urladdress">
```

子任务 5.1.3 了解 textarea（多行文本框）元素

多行文本框比单行文本框多了行属性（rows）和列属性（cols），用于设置文本框的行数和列数。另外，还有文本换行属性（wrap），属性值可以为 hard 或 soft，用于设置文本换行方式，多行文本框的示例代码如下：

```
<textarea name="textarea" id="textarea" rows="8" cols="45">
</textarea>
```

子任务 5.1.4 了解 select 元素和 option 元素

select 元素和 option 元素

select 元素和 option 元素一般搭配使用。select 元素通过设置 size 属性确定显示多少个 option 选项，size 属性值为 1 时，相当于下拉列表框；size 属性值大于 1 时，相当于列表框，根据 multiple 属性值的设置，可以是多选模式也可以是单选模式。示例代码如下：

```
<select size="1" name="EngineerProject" id="EngineerP">
  <option value="battery">新能源电池</option>
  <option value="airplane">大飞机制作</option>
  <option value="moon">探月工程</option>
  <option value="computer">天河-2A计算机</option>
</select>
```

当 size 属性值为 1 时，效果如图 5-6（a）所示，单击该下拉列表框后效果如图 5-6（b）所示。当 size 属性值为 4 时，效果如图 5-7 所示。

子任务 5.1.5 了解无障碍访问表单元素 label、fieldset 和 legend

label 用于文本描述，可以通过将 for 属性值与表单控件的 id 属性值设置为一致，实现文本描述与表单控件关联，示例代码如下：

```
<label for="customername">用户名:</label>
<input type="text" name="customer" id="customername">
```

效果如图 5-8 所示。

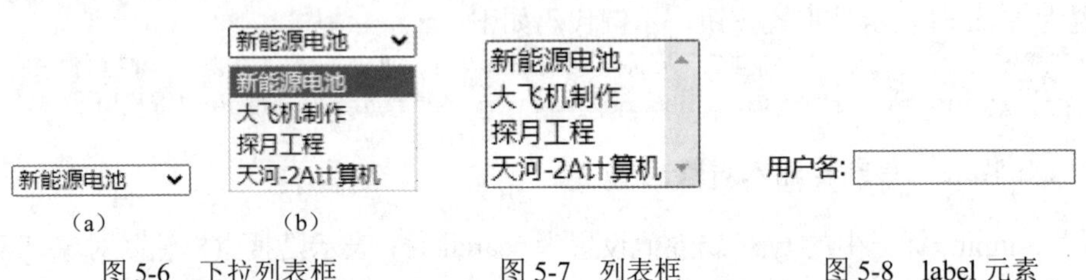

（a） （b）

图 5-6 下拉列表框　　图 5-7 列表框　　图 5-8 label 元素

另外一种实现 label 控件与其他控件关联的方法是将<label>标签当作容器，包围需要关联的控件，示例代码如下：

```
<label>用户名:<input type="text" name="customer" id="customername">
```

```
    </label>
```

fieldset 元素和 legend 元素一般结合使用，给表单元素进行分组控制，可以给多个表单元素增加外围框线等。表单分组从<fieldset>标签开始，以</fieldset>结束，将分组元素用框线包围。<legend>则在框线中指定显示的文字信息。示例代码如下：

表单登录界面制作

```
    <fieldset>
    <legend>用户登录</legend>
       <label for="customername">用户名:</label>
       <input type="text" name="customer" id="customername">
         <br/>
       <label for="pword">密  码: </label>
       <input type="password" name="pw" id="pword">
         <br/>
       <input type="submit" name="submit" id="submit" value="登录">
    <input type="reset" name="reset" id="reset" value="取消">
    </fieldset>
```

效果如图 5-9 所示。

HTML5 中 fieldset 元素、legend 元素和 label 元素都是无障碍访问表单元素，在语义和视觉上对控件进行了组织，可由屏幕朗读器使用，使有视觉和运动障碍的人能更方便地使用表单元素，也增加了表单的可读性和可用性。

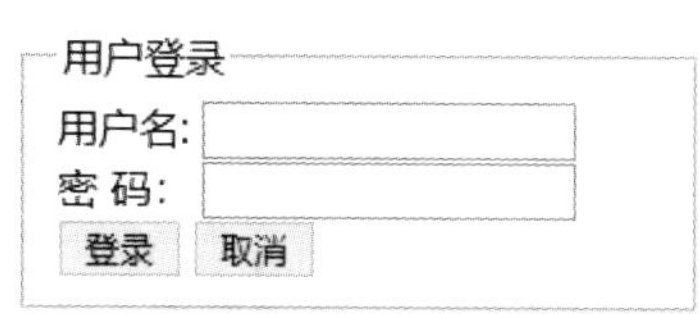

图 5-9 fieldset 和 legend 元素应用

子任务 5.1.6 了解 datalist 预设列表选项元素

很多时候，在输入信息时，希望有相关联的提示信息出现，像编写代码时出现的代码提示符一样，这个提示信息可以使用 datalist 结合 option 元素实现。datalist 元素一般需要结合 input 元素和 option 元素一起使用。以文本框输入信息时弹出代码提示符为例，示例代码如下：

datalist 预设列表选项元素

```
   <label for="tip">代码提示符</label>
     <input type="text" name="inputtip" id="tip" list="inputtip">
     <datalist id="inputtip">
        <option>text</option>
        <option>typt</option>
        <option>tel</option>
        <option>time</option>
        <option>date</option>
        <option>datetime</option>
     </datalist>
```

效果如图 5-10 所示。

这段代码在 option 元素里设置了几个以字符 t 开头的选项信息，在文本框中输入字符 t，则会弹出与 t 相关的提示选项。

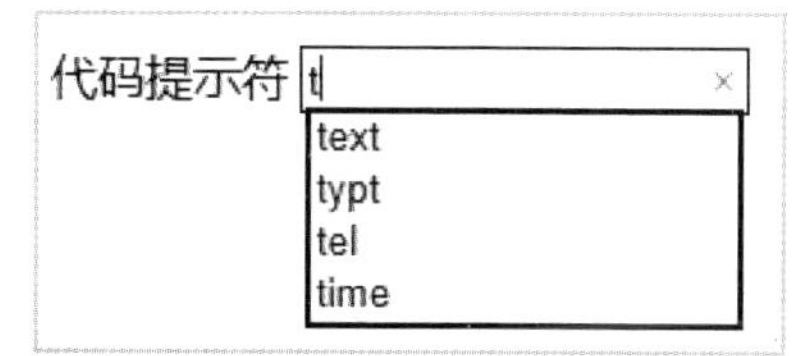

图 5-10 弹出预设选项提示

这段代码中使用了 label 元素、input 元素、datalist 表元素、option 元素。其中：

- label 元素通过将 for 属性值与 input 元素的 id 属性

值设置为一致实现关联。

- input 元素通过将 list 属性值与 datalist 元素的 id 属性值设置为一致实现关联。
- option 元素放在 datalist 元素里面充当预设选项值。

子任务 5.1.7　了解日历控件

日历和颜色控件

将与时间相关的属性值赋值给 input 元素的 type 属性，即可接收日期或时间信息。type 属性中与日期相关的属性值包括 date、datetime、time、month、week 等。显示日历界面供用户选择日期的示例代码如下：

```
<label for="inputdate">选择日期</label>
<input type="date" name="mydate" id="inputdate" >
```

运行代码，显示如图 5-11 所示界面。当用户将光标定位到文本输入框后，弹出日历控件界面，如图 5-12 所示。

选择日期 mm/dd/yyyy

图 5-11　日期输入框静态界面

选择日期 yyyy / mm / dd

图 5-12　日期输入框输入界面

子任务 5.1.8　了解颜色池控件

给 input 元素的 type 属性赋值为 color 时，可显示色板供用户选择颜色，示例代码如下：

```
<label for="myColor">选择颜色</label>
<input type="color" name="mycolor" id="myColor" >
```

运行代码，可得如图 5-13 所示效果。单击颜色输入框，则弹出如图 5-14 所示的“颜色”对话框。

选择颜色

图 5-13　颜色输入框

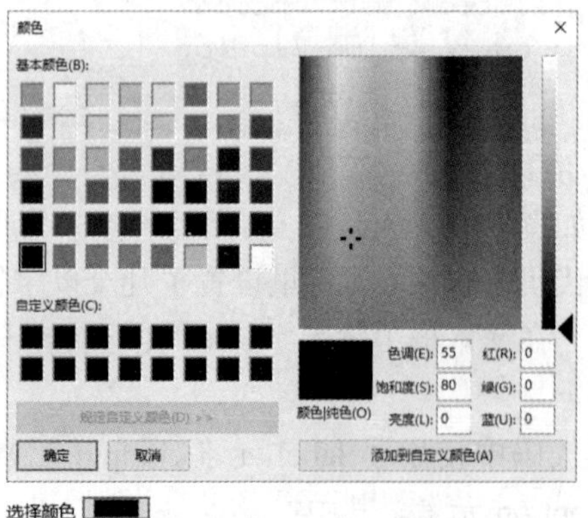

选择颜色

图 5-14　“颜色”对话框

任务5.2　使用表单元素制作登录注册页面

任务描述：表单元素可应用于登录、注册、信息调查等页面。通常使用表单的文本域接收用户输入的信息，文本域包括单行文本框、多行文本框、密码文本框三种。一般情况下，当用户输入较少信息时，使用单行文本域；当用户输入较多信息时，使用多行文本域；当用户输入密码等保密信息时，使用密码文本域。本任务完成用户注册页面的制作，并使用 CSS 样式美化表单元素。

子任务 5.2.1　使用表单元素制作用户注册页面

案例 5-1

在网站中新建一个网页文件命名为 register.html，将网页标题设置为“用户注册”，完成如图 5-15 所示注册界面，操作步骤如下。

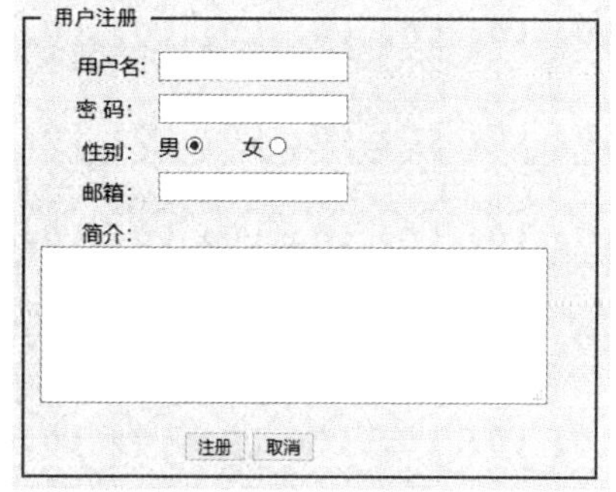

图 5-15　注册界面

01 在网页中添加 form 表单元素，在表单元素中添加 fieldset 和 legend 元素，代码如下：

```
<form>
    <fieldset>
        <legend>用户注册</legend>
    </fieldset>
</form>
```

02 根据图 5-15 所示效果图，将用户名、密码、性别、邮箱和简介等文字用 label 表单对象显示，这些 label 分别关联到文本框、密码框、单选按钮、多行文本框等表单对象。将 submit 按钮设置为“注册”按钮，将 reset 按钮设置为“取消”按钮，在<legend>标签下面编写如下代码：

注册表单布局

```
    <label for="customername">用户名:</label>
    <input type="text" name="customer" id="customername">
    <label for="pword">密  码: </label>
    <input type="password" name="pw" id="pword">
    <label for="lblsex">性别: </label><span>男</span><input type=
"radio" name="RadioGroup1" value="man" id="lblsex">    
  <span>女</span><input type="radio" name="RadioGroup1"
value="woman" id="lblsex">
    <label for="E-mail">邮箱: </label>
    <input type="email" name="myemail" id="E-mail">
    <label for="message">简介: </label>
    <textarea name="textarea" id="message" rows="5" cols="45">
</textarea>
    <input type="submit" name="submit" id="submit" value="注册">
    <input type="reset" name="reset" id="reset" value="取消">
```

表单样式设计

子任务 5.2.2 使用 CSS 设计表单元素样式

在案例 5-1 网站中，新建名为 style.css 的样式表文件，在注册网页中引用该样式表文件。编写样式如下：

① 给表单样式添加背景图片，设置宽度属性和内边距等样式。

② 给 fieldset 元素添加边框线，设置线型、颜色等属性。

③ 给 legend 元素设置字体样式等。

④ 在效果图中，<label>标签与文本框、密码框等为并排排列，所以样式设置浮动属性；每个<label>标签从新的一行开始，因此设置显示模式为块状模式；再设置该标签的宽度、向右对齐和设置右上边距等样式。

⑤ 设置文本框、密码框、多行文本框等为块状显示模式，同时设置外上边距的间隔。

⑥ 设置单选按钮上边距样式。

⑦ 设置注册按钮和取消按钮的左边距和上边距样式。

各表单对象样式设置代码如下：

```
    form{padding:10px;background-image: url("images/bg.jpg");width:
450px;}
    fieldset{width:420px;border:2px ridge #ff0000;}
    legend{font-family: 黑体;padding-left:10px;padding-right: 10px;}
    label{float:left;clear:left;display:block;width:80px;padding-rig
ht:10px;margin-top:10px;text-align: right;}
    input[type="text"],input[type="password"], input[type="email"],
textarea {display:block;margin-top:10px;}
    input[type="submit"]{margin-left:110px;margin-top:20px;}
    input[type="radio"]{margin-top:10px;}
```

运行页面，可得如图 5-15 所示效果，在邮箱文本框中输入邮箱信息，当输入的邮箱格式不对时，文本框会变成红色警示框。

上机实训

1. 用表单对象设置一个用户爱好调查页面。

2. 用表单对象设置一个登录页面。

混合式教学附录

案例5-1任务分工表

任务	表单注册页面制作
任务1	创建网站、创建网页、创建样式表文件（注意命名规范），并在网页中添加样式表文件的引用
任务2	在网站中添加图片素材（可从网站 http://jx.gdgm.cn/skills/wv/30764673 下载）
任务3	在网页中添加表单元素，在表单元素中添加 fieldset 和 legeng 元素，标明“用户注册”
任务4	设置表单 form、fieldset 和 legeng 元素样式
任务5	根据效果图，在表单内继续添加用户名和密码输入框，并设置相关样式
任务6	根据效果图，在表单内继续添加性别、邮箱输入框，并设置相关样式
任务7	根据效果图，在表单内继续添加简介输入框，并设置相关样式
任务8	根据效果图，在表单内继续添加注册和取消按钮，并设置相关样式
任务9	参考网页运行效果，完善并运行网页

交流讨论

1. input 元素根据 type 属性设置不同，表现为不同的表单对象，比较这些表单对象的相同点和不同点。
2. 无障碍访问表单元素的特点是什么？
3. 哪些表单元素呈现块元素特征，哪些表单元素呈现内联元素的特征？
4. 定义表单元素样式和定义普通 html 元素样式是否有区别？
5. 你觉得本单元学习的重点和难点是什么？

单元测试

1. 当浏览器遇到不支持的 HMTL5 表单输入控件时会（　　）。
   A. 提示错误信息　　B. 显示文本框
   C. 不输入任何信息　　D. 什么也不显示
2. 下面选项中不是 input 类型表单对象的是（　　）。
   A. 普通文本框　　B. 单选按钮　　C. 邮箱输入框　　D. 多行文本框
3. 下面表单控件中适合在问卷调查中使用的是（　　）。
   A. 文本框　　B. 单选按钮　　C. 多选框　　D. 多行文本框
4. 下面控件中，在输入信息时有自动验证格式功能的是（　　）。
   A. 普通文本框　　B. 电话输入框　　C. 邮箱输入框　　D. 单选按钮
5. 下面控件中，适合做评论区留言的是（　　）。
   A. 文本框　　B. 单选按钮　　C. 多选框　　D. 多行文本框
6. 下面<form>标记的属性中，用于处理表单字段值的脚本名称和位置的是（　　）。
   A. action　　B. process　　C. method　　D. post
7. input 元素中，关于属性 name 和 id 的描述正确的是（　　）。
   A. name 属性命名表单控件，以便服务器端程序访问

B. 表单控件的 name 值在表单内必须是唯一的

C. id 属性用于 CSS 样式引用控件

D. 两个属性没有区别，可以互相代替

8. 下面语句中，可以将 label 与 input 表单对象关联的是（　　）。

A. <label for="myname">姓名</label><input type="text" name="name" id="myname">

B. <label for="myname">姓名</label><input type="text" name="myname" id="name">

C. <label>姓名</label><input type="text" name="name" id="myname">

D. <label>姓名<input type="text" name="name" id="myname"></label>

9. 下面表单对象，哪些是内联元素（　　）。

A. <input>　　B. <option>　　C. <datalist>　　D. <fieldset>

10. 重定义表单对象的提交按钮样式写法是（　　）。

A. input[type="submit"]{ }　　B. input[type="reset"]{ }

C. input(type="submit"){ }　　D. input{ }

11. input 元素根据 type 属性值不同，可对一些输入对象进行格式校验，这些可以检验的对象有（ ）。

A. 链接地址输入对象　　B. 密码输入框对象

C. 电话输入框对象　　D. 邮箱输入框对象

12. select 元素的 size 值为 1 时，里面设置了 4 个 option 选项值，则运行后直接在界面中显示的 option 选项对象有（ ）个。

A. 1　　B. 2　　C. 3　　D. 4

13. 同时定义表单对象的多选按钮和单元按钮样式的写法是（　　）。

A. input[type="checkbox"],input[type="radio"]{ }

B. input[type="checkbox"] ;input[type="radio"]{ } .

C. input[type="check"],input[type="radio"]{ }

D. input(type="checkbox"),input(type="radio"){ }

学习自评与互评

序号	评价内容	重要性	个人自评	同学互评	教师评价
1	了解表单 form 概念和 form 元素常用属性	★★★			
2	了解常用的表单对象，包括 input 元素、列表项元素、日历控件等	★★★★☆			
3	使用表单元素制作注册页面	★★★★★			
4	小组任务表现	★★★☆			
5	交流互动表现	★★★			
6	上机实训任务	★★★★			
7	单元测试	★★★☆			

项目6 CSS3样式基础

知识目标

1. 掌握 CSS3 背景设置方法
2. 掌握 CSS3 设置圆角边框的方法
3. 掌握 CSS3 设置文本效果的方法
4. 掌握 CSS3 transitions 过渡效果设计
5. 掌握 CSS3 animation 动画效果制作

能力目标

1. 能够使用 CSS3 样式设置文本效果
2. 能够使用 CSS3 样式设置背景和圆角效果
3. 能够使用 CSS3 样式制作动画

思政目标

读好书，培养终身学习的良好习惯

任务6.1 掌握 CSS3 文本效果的设计

任务描述：本次任务主要介绍使用 text-shadow 属性制作文本的阴影、描边和浮雕效果。

IE10、Firefox、Chrome、Safari 和 Opera 等浏览器都支持 text-shadow 属性，IE9 以及更早版本的 IE 浏览器不支持 text-shadow 属性。在 CSS3 的属性应用中，源于不同内核浏览器对新 CSS 属性的支持，有些需要添加浏览器私有前缀，例如，微软公司的 IE9 以下版本浏览器需添加-ms-，Mozilla 公司的 Firefox 浏览器需添加-moz-，Google 公司的 Google Chrome 浏览器和苹果公司的 Safari 浏览器需添加-webkit-，Opera 公司的 Opera 浏览器需添加前缀-o-等。

子任务 6.1.1 掌握 text-shadow 属性的应用

CSS3 包含多个新的文本特性，其中 text-shadow 可以定义文本的水平阴影、垂直阴影、模糊距离和阴影的颜色，从而制作出文本的阴影、描边和浮雕效果。

6.1.1.1　文本阴影效果的参数设置

在网页中经常要用到文本，文本的多样化显示也给网页带来了多样的变化。CSS3 中除了基本的文本设置效果外，还可以通过 text-shadow 给文本添加阴影效果，代码如下：

```
text-shadow:h-shadow v-shadow blur color;
```

其中，h-shadow、v-shadow 是必选项，分别代表水平阴影和垂直阴影的位置，允许是负值，负值代表方向相反；blur 是可选项，代表模糊阴影距离；color 是可选项，代表阴影的颜色。

6.1.1.2　文本描边效果的参数设置

文本描边效果可以通过给文本四周添加色差阴影的方式进行设置，代码如下：

```
text-shadow:-2px 0 white,2px 0 white,0 2px white,0 -2px white;
```

该代码通过设置左侧、右侧、下侧和上侧四个方向各两个像素的白色阴影来呈现描边效果，坐标系向右向下方向为正，负值代表相反方向。

6.1.1.3　文本浮雕效果的参数设置

文本浮雕效果可以采用颜色对比，加上阴影效果，使平面的文字看起来像浮雕。例如，给文字右侧和下侧加上深色阴影、左侧和上侧加上浅色阴影来模拟光照，就可以显示浮雕的效果，代码如下：

```
text-shadow: -1px -2px #fff,2px 2px #222;
```

子任务 6.1.2　CSS3 文本效果应用案例

案例 6-1

文本效果应用案例

创建名为 ch06 的网站项目，再新建网页文件，命名为 index6-1 文本效果.html，分别在网页中编写文本阴影效果、文本描边效果和文本浮雕效果的样式，并在<body>标签内引用相关样式，实现不同的文本效果，代码如下：

```
<!DOCTYPE html>
<html>
  <head>
      <meta charset="UTF-8">
      <title>文本效果®</title>
      <style>
    /*文本阴影*/
        #yinying{
            font-size:40px;
            color:#294f7b;
            font-weight:bold;
            -moz-text-shadow:6px 4px 4px #999;
            -webkit-text-shadow:6px 4px 4px #999;
            text-shadow:6px 4px 4px #999;
        }
      /*描边效果*/
```

```
        #miaobian{
          font-size:40px;
          background-color:#ccc;
          padding:10px;
          width:250px;
          font-weight:bold;
          color:red;
             /*四个方向设置白色的框*/
        -moz-text-shadow:-2px 0 white,2px 0 white,0 2px  white,
0 -2px white;
        -webkit-text-shadow:-2px 0 white,2px 0 white,0 2px white,
0 -2px white;
        text-shadow:-2px 0 white,2px 0 white,0 2px white,0 -2px white;
        }
    /*文本浮雕*/
        #fudiao{
            font-size:40px;
            font-weight:bold;
            color:#eee;
            background-color:#c0c;
            padding:10px;
            width:350px;text-align:center;
            text-shadow:-1px -2px #fff,2px 2px #222;
            -moz-text-shadow:-1px -2px #fff,2px 2px #222;
            /*兼容Firefox浏览器*/
        }
      </style>
   </head>
   <body>
      <div id="yinying">工匠精神</div><br>
      <div id="miaobian">格物致知</div><br>
      <div id="fudiao">有立体效果的浮雕</div><br>
   </body>
</html>
```

运行网页，效果如图 6-1 所示。

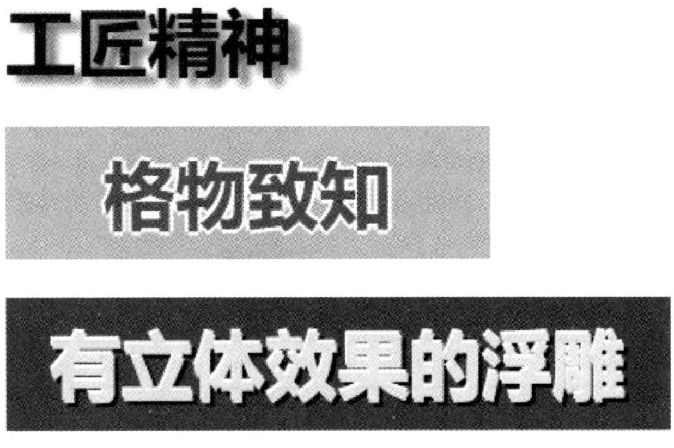

工匠精神

格物致知

有立体效果的浮雕

图 6-1　文本效果

任务6.2 掌握 CSS3 背景渐变效果的设计

任务描述：背景作为衬托网页主体内容的容器颜色，给网页增色不少，背景除了最基本的纯色和图像填充外，在 CSS3 里还增加了背景渐变效果，渐变是两种或多种颜色之间的平滑过渡。渐变背景一直以来在 Web 页面中都是一种常见的视觉元素，CSS3 的渐变属性主要包括线性渐变、径向渐变和重复渐变。本次任务使用 CSS3 样式制作线性渐变、径向渐变，用于替换背景图。

子任务 6.2.1 了解 CSS3 的渐变设置

6.2.1.1 线性渐变参数设置

CSS3 中的线性渐变通过“background-image:linear-gradient（参数值）;”或“background:linear-gradient（参数值）;”来设置，代码如下：

```
    background-image:linear-gradient([ <angle> | <side-or-corner>,]color stop, color stop[, color stop]*);
```

其中，[]中的参数为可选值，linear-gradient 参数取值说明如表 6-1 所示。

表 6-1 linear-gradient 参数取值说明

参数类型	取值说明
angle	渐变的角度，角度的取值范围是 0°～360°。这个角度以圆心为起点，沿发散方向进行渐变
side-or-corner	通过关键词确定渐变的方向。默认值为 top（从上向下），取值范围是[left,right,top,bottom,center,top right,top left, bottom left,bottom right,left center,right center]。其中，IE10 只能取[left,top]，Chrome 则没有[center,left center,right center]
color stop	用于设置颜色边界，color 为边界的颜色，stop 为边界的位置；stop 的值为像素数值或百分比数值，若为百分比且小于 0 或大于 100%，则表示该边界位于可视区域外；两个 color stop 之间的区域为颜色过渡区

6.2.1.2 径向渐变参数设置

CSS3 中的径向渐变通过“background-image: radial-gradient（参数值）;”或“background:radial-gradient（参数值）;”来设置，代码如下：

```
    background-image:radial-gradient([圆心坐标],[渐变形状],[渐变大小],color stop, color stop[, color stop]*);
```

其中，[ ]中的参数为可选值，radial-gradient 参数取值说明如表 6-2 所示。

表 6-2 radial-gradient 参数取值说明

参数类型	取值说明	
圆心坐标	用于设置放射的圆心坐标，可设置为形如 10px、20px 的 x-offset、y-offset，或使用预设值 center（默认值）	
渐变形状	circle	圆形
	ellipse	椭圆形，默认值

续表

参数类型	取值说明	
渐变大小	closest-side 或 contain	以距离圆心最近的边的距离作为渐变半径
	closest-corner	以距离圆心最近的角的距离作为渐变半径
	farthest-side	以距离圆心最远的边的距离作为渐变半径
	farthest-corner	以距离圆心最远的角的距离作为渐变半径（默认）

6.2.1.3 重复渐变参数设置

重复渐变是对以上两种渐变方式的重复使用，在重复使用时只需在两个属性前添加 repeating-，代码如下（[]中的参数为可选值）：

```
/*线性重复渐变*/
repeating-linear-gradient([起始角度],color stop,color stop[,color stop]*)
/*径向重复渐变*/
repeating-radial-gradient([圆心坐标],[渐变形状], [渐变大小],color stop,
color stop[, color stop]*)
```

子任务 6.2.2 CSS3 背景渐变效果应用案例

案例 6-2

背景与渐变效果应用案例

在 ch06 的网站项目下新建网页文件，命名为 index6-2 背景与渐变效果.html，分别在网页中编写不同的渐变样式，并在<body>标签内引用相关样式，代码如下：

```
<!DOCTYPE html>
<html>
<head lang="en">
    <meta charset="UTF-8">
    <title>渐变效果</title>
 </head>
  <style type="text/css">
    #xian1{ width: 500px;height: 60px;
            background-image: -webkit-gradient(linear, left top,
left bottom, color-stop(0, #ff4f02), color-stop(1, #8f2c00)); }
/* Saf4+, Chrome ，修改方向，需要添加浏览器的支持的前缀*/
    #xian2{ width: 500px;height: 60px;
            background-image: linear-gradient(45deg, #8fa1ff,
#3757fa); }
     span{
        font-size:40px;
        color:white;
        font-family:"微软雅黑";}
    .rainbow-radial-gradient{
        width:300px;
        height:100px;
        background-image:radial-gradient(100px,#ffe07b 10%,#ffb151
2%,#16104b 70%);}
   </style>
<body>
<div id="xian1"><span>红色线性渐变</span></div><br/>
<div id="xian2"><span>蓝色线性渐变</span></div><br/>
<div class="rainbow-radial-gradient"><span>径向渐变</span>
```

```
    </div>
    </body>
    </html>
```

运行网页，效果如图 6-2 所示。

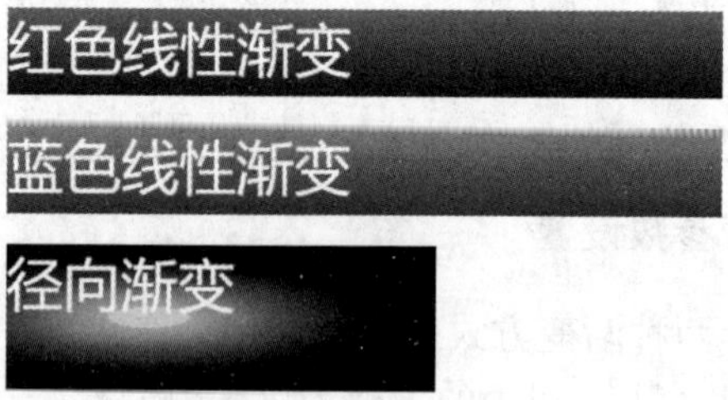

红色线性渐变

蓝色线性渐变

径向渐变

图 6-2　背景与渐变效果

任务6.3　使用 CSS3 制作边框效果

任务描述：使用 CSS3 的 border-radius、box-shadow 等属性给图片、边框等元素绘制出不同的圆角效果和边框阴影效果。

元素的边框（border）是围绕元素内容的一条或多条边框线，每个边框线有三个属性：宽度、线型样式和颜色。在 HTML 中，CSS 的 border 属性用如下代码定义边框：

```
border:2px dotted yellow;
```

上述代码表示，元素的四个边框是宽 2px 的黄色点画线。CSS3 中除了上述样式属性之外，还增加了以下样式属性。

- border-radius：用于给图片、带边框的层等元素创建圆角。
- border-image：为图片设置边框。
- box-shadow：用于给图片、层、段落等元素边框添加阴影。

子任务 6.3.1　使用 border-radius 制作圆角边框

6.3.1.1　了解圆角边框

网页上的图片可以通过 CSS3 样式形成圆角边框，要实现这样的效果，在以前的 CSS 版本中只能由 UI 设计师制作圆角的背景图，在 CSS3 中则可以通过为 border-radius 属性赋不同的值来设计各种类型的圆角边框，如图 6-3 所示。

border-radius 属性可以赋四个值，这四个值按照左上、右上、右下、左下的顺时针方向设置。

- 如果只设置一个值，则表示四个圆角相同。
- 如果设置两个值，则第一个值表示左上和右下的参数，第二个值表示右上和左下的参数。
- 如果设置三个值，则第一个值表示左上的参数，第二个值表示右上和左下的参数，第三个值表示右下的参数。

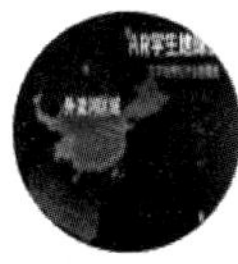

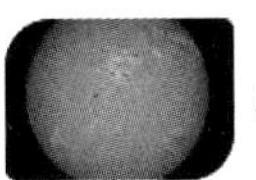

图 6-3　图像边框应用

注　意

border-radius 除了可以用在图片外，还可以用于常用的块标签中，如 div、p、ul、li、form 等。

6.3.1.2　CSS3 圆角边框应用案例 1

案例 6-3

在 ch06 的网站项目下新建网页文件，命名为 index6-3 圆角边框.html，分别在网页中编写不同的圆角参数样式，并在<body>标签内引用相关样式，代码如下：

使用 CSS3 制作边框案例 1

```
<!DOCTYPE html>
<html>
  <head>
      <meta charset="UTF-8">
      <title>图像圆角效果</title>
      <style type="text/css" >
          body{
              background-color:rgba(100,30,40,0.5);
          }
          img{
              width:150px;    height:180px;
              height:150px;
              display:block;
          }
          ul{
              list-style:none;
              border:2px solid  grey;
              padding:10px;
              border-radius:10px;    width:750px;
              width:620px;
          }
          ul li{
              display:inline-block;
          }
          p{
```

```
            text-align:center;
        }
        /*单个参数值，代表四个方向50px*/
        #img1{
            -moz-border-radius:50px;
            -webkit-border-radius:50px;
            border-radius:50px;
        }
        /*两个参数值，正反对角线方向分别为10px，50px*/
        #img2{
            -moz-border-radius:10px 50px;
            -webkit-border-radius:10px 50px;
            border-radius:10px 50px;
        }
        /*三个参数值，代表左上、右上+左下、右下*/
        #img3{
            -moz-border-radius:10px 50px 80px;
            -webkit-border-radius:10px 50px 80px;
            border-radius:10px 50px 80px;
        }
        /*四个参数值，代表左上、右上、右下、左下*/
        #img4{
            -moz-border-radius:10px 30px 50px 70px;
            -webkit-border-radius:10px 30px 50px 70px;
            border-radius:10px 30px 50px 70px;
        }
    </style>
</head>
<body>
<div>
    <ul>
        <li><img  id="img1"  src="img1/人类简史.jpg">
            <p>1个圆角参数</p>    </li>
        <li><img  id="img2"  src="img1/爱的艺术.jpg">
            <p>2个圆角参数</p>    </li>
        <li><img  id="img3"  src="img1/拖延心理学.jpg">
            <p>3个圆角参数</p>    </li>
        <li><img  id="img4"  src="img1/遇见未知的自己.jpg">
            <p>4个圆角参数</p></li>
    </ul>
</div>
</body>
</html>
```

运行网页，效果如图 6-4 所示。

图 6-4　圆角边框

6.3.1.3 CSS3 圆角边框应用案例 2

案例 6-4

使用CSS3制作边框案例2

在 ch06 的网站项目下新建网页文件，命名为 index6-4.html，在样式表文件中编写样式代码，给容器和图片添加圆角边框，在样式文件中定义样式如下：

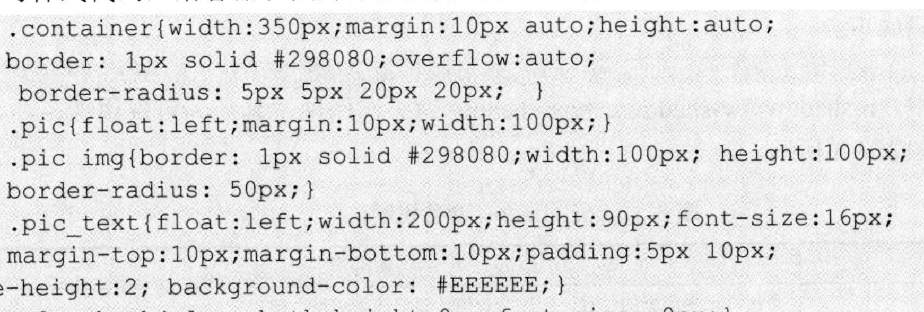

```
    .container{width:350px;margin:10px auto;height:auto;
    border: 1px solid #298080;overflow:auto;
     border-radius: 5px 5px 20px 20px;  }
    .pic{float:left;margin:10px;width:100px;}
    .pic img{border: 1px solid #298080;width:100px; height:100px;
    border-radius: 50px;}
    .pic_text{float:left;width:200px;height:90px;font-size:16px;
    margin-top:10px;margin-bottom:10px;padding:5px 10px;
line-height:2; background-color: #EEEEEE;}
    .clearboth{clear:both;height:0px;font-size: 0px;}
```

在网页<head>标签内引用样式表文件，在<body>标签内添加代码并引用样式，代码如下：

```
    <div class="container">
        <div class="pic"><img src="img1/3d.jpg"></div>
        <div class="pic_text">躺着也能看3D: GOOVIS 头戴影院体验分享</div>
        <div class="clearboth"></div>
        <div class="pic"><img src="img1/6G.jpg"></div>
        <div class="pic_text">全球海拔最高5G基站开通 信号覆盖珠峰峰顶</div>
        <div class="clearboth"></div>
        <div class="pic"><img src="img1/sportwatch.jpg"></div>
        <div class="pic_text">一体双面: 智能运动腕表初体验</div>
        <div class="clearboth"></div>
        <div class="pic"><img src="img1/plant.jpg"></div>
        <div class="pic_text">拍摄更强、续航大增，大疆更聪明的新品无人机上线
</div>  </div>
```

运行网页，效果如图 6-5 所示。

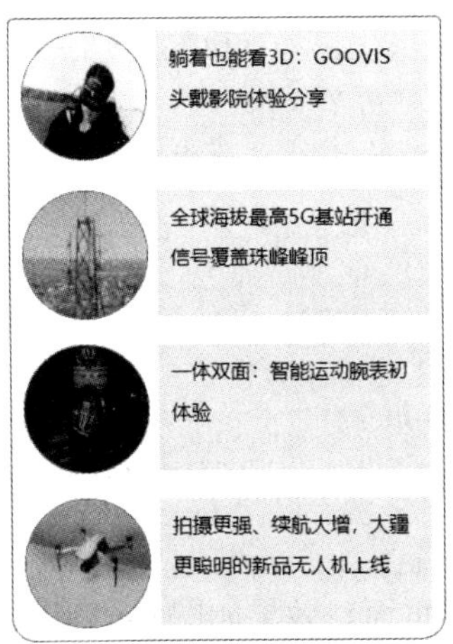

图 6-5 边框效果

子任务 6.3.2　使用 box-shadow 设计边框阴影

6.3.2.1　掌握边框阴影属性值的设置

为了加强网页的元素效果，常会使用阴影晕染的方式对图片、段落的边框等盒子结构效果进行增强，其中，CSS3 中的 box-shadow 可以进行晕染阴影的设置，代码如下：

```
box-shadow:h-shadow v-shadow blur spread color inset;
```

其中，h-shadow、v-shadow、box-shadow 为必选属性，其他为可选属性，参数说明如表 6-3 所示。

表 6-3　box-shadow 参数说明

值	说明
h-shadow	必选，水平阴影的位置，允许为负值，负值代表相反方向
v-shadow	必选，垂直阴影的位置，允许为负值，负值代表相反方向
blur	可选，模糊距离
spread	可选，阴影的尺寸
color	可选，阴影的颜色
inset	可选，将外部阴影（outset）改为内部阴影

6.3.2.2　边框阴影制作案例

案例 6-5

边框阴影制作案例

在 ch06 的网站项目下新建网页文件，命名为 index6-5 边框阴影.html，分别在网页中编写不同的图像阴影样式，并在<body>标签内引用相关样式，代码如下：

```
<!DOCTYPE html>
<html>
  <head>
      <meta charset="UTF-8">
      <title>图像阴影效果</title>
      <style>
           img{ border-radius: 10px;
                 box-shadow: 10px 5px  4px 8px #CCCCCC;
                    -webkit-box-shadow: 10px 5px  4px 8px #CCCCCC;
                    -o-box-shadow: 10px 5px 4px 8px #CCCCCC; }
      </style>
  </head>
  <body>
      <img src="img/wenming.png">
  </body>
</html>
```

图 6-6　方框阴影

运行页面，效果如图 6-6 所示。

任务6.4 使用CSS3制作动画效果

任务描述：使用CSS3制作过渡动画和animation动画。

无论是国内网站还是国外网站，动画都在网页上发挥着举足轻重的作用。现在，动画在网页上随处可见，已经成为网上活动的标志，广泛用于广告、导航、步骤展示等。在CSS3之前，制作网页动画效果主要有两种方式：一是使用Flash；二是使用JavaScript。这两种方式都需要网页设计人员单独学习Flash和JavaScript以及jQuery技术，而且Flash和JavaScript制作出的动画在页面加载时都需要占用资源。而CSS3的动画能避免上述问题，通过设置CSS3中的属性可以制作两种类型的动画：一种是过渡动画；另一种是动画方式。

子任务6.4.1 掌握CSS3 transition过渡动画的制作

6.4.1.1 关于transition过渡动画

CSS3过渡就是平滑地改变一个元素的CSS值，使元素从一个样式逐渐过渡到另一个样式。CSS3过渡动画使用transition属性来定义，transition属性的基本语法如下：

```
transition: property duration timing-function delay;
```

例如，transition:width 0.5s ease-out 1s;transition是一个复合属性，由四个属性构成，属性说明如表6-4所示。

表6-4 transition属性

属性	描述
transition-property	规定应用过渡的CSS属性的名称，属性值包括none、all、property
transition-duration	定义过渡效果花费的时间（秒或毫秒），默认0没有动画
transition-timing-function	规定过渡效果的时间曲线，默认ease
transition-delay	规定效果开始之前需要等待的时间，过渡效果何时开始，以秒或毫秒计，默认0没有动画

表6-4中，属性transition-property的三个属性值分别为：

- none：没有属性会获得过渡效果。
- all：所有属性都会获得过渡效果。
- property：定义应用过渡效果的CSS属性名称列表，列表以逗号分隔，如width，height。transition-property常用过渡属性如表6-5所示，属性transition-timing-function的过渡属性值如表6-6所示。

表6-5 transition-property常用过渡属性

属性	改变的对象
background-color	颜色
background-image	只是渐变
background-position	百分比，长度

续表

属性	改变的对象
color	色彩
font-size	百分比，长度
font-weight	数字
height、left、bottom、top	百分比，长度
text-shadow	阴影
opacity	数字
padding	长度
line-height	百分比，长度，数字

表 6-6 transition-timing-function 的值

值	说明
linear	规定以相同速度开始至结束的过渡效果
ease	规定慢速开始，然后变快，再慢速结束的过渡效果（默认）
ease-in	规定以慢速开始的过渡效果
ease-out	规定以慢速结束的过渡效果
ease-in-out	规定以慢速开始和结束的过渡效果

6.4.1.2 过渡动画制作案例

案例 6-6

CSS3 动画制作

在 ch06 的网站项目下新建网页文件，命名为 index6-6 过渡动画.html，分别在网页中编写不同的动画样式，并在<body>标签内引用相关样式，代码如下：

```
<!DOCTYPE html>
    <html>
    <head>
    <meta charset="UTF-8">
    <title>过渡效果</title>
    <style>
        div,p{   color: #fff;    padding:5px;}
        div{
              width:200px;
              height:280px;
              background: url(img1/追风筝的人1.jpg) no-repeat;
              -webkit-transition:all 3s 1s ease-in;}
        div:hover{    background: url(img1/追风筝的人.jpg);}
        p{
              width:100px;
              height:25px;
              text-align:left;
              background-color:rgba(0,0,230,0.5);
              -webkit-transition:all 3s 1s ease-in;
              /*宽度和颜色过渡*/
              transition:all 3s 1s ease-in;
              /*transition:width 3s 1s ease-in;*/}
```

```
    p:hover{
            width:193px;
            /*过渡属性width*/
            height:25px;
            background-color:rgba(0,0,230,0.9);
            }
    </style>
    </head>
    <body>
        <div>
        <p>进度条</p>
       </div>
    </body>
  </html>
```

运行网页，当鼠标经过页面时，渐变进度条背景色和宽度属性发生变化，div层中的背景图片发生改变，效果如图6-7所示。

图6-7　transition过渡效果

使用transition时要注意，不是所有的CSS属性都支持transition，表6-6只是列出了常用的属性。使用transition需要明确设置开始状态和结束状态的具体数值，才能计算出中间状态，如果开始或结束状态设置auto，就不会产生动画效果。

使用transition有优点也有局限性，主要局限性如下：

- transition需要事件触发，所以不能在网页加载时自动触发，如果需要加载时发生就要依靠JavaScript。
- transition动画只能执行一次，不能重复发生，除非再次触发。
- transition只能定义开始状态和结束状态，不能定义中间状态。
- 网页中可以通过伪类样式：hover触发transition过渡动画事件发生。

子任务6.4.2　了解CSS3 animation动画的制作

6.4.2.1　关于animation动画

在CSS3中除了使用transition功能（过渡）实现动画效果外，还可以使用animation功能实现更为复杂的动画效果。animation是一个复合属性，通过定义多个关键帧以及定义每个关键帧中元素的属性值来实现更为复杂的动画效果。创建动画分为两步，第一步是创建动画，第二步是在对应元素上使用动画。

在CSS3中使用@keyframes规则来创建动画，keyframes可以设置多个关键帧，每个关键帧表示动画过程中的一个状态，多个关键帧就能使动画十分绚丽。@keyframes 规则的语法格式如下：

```
@keyframes animationname {
  keyframes selector{css-styles;}
}
```

@keyframes 各个属性的描述如表 6-7 所示。

表 6-7 @keyframes 属性

类型	描述
animationname	表示当前动画的名称，它将作为引用时的唯一标识，因此不能为空
keyframes-selector	keyframes-selector 是关键帧选择器，即指定当前关键帧要应用到整个动画过程中的位置值可以是百分比、from 或者 to。其中，from 和 0 效果相同，表示动画的开始；to 和 100%效果相同，表示动画的结束
css-styles	css-styles 定义执行到当前关键帧时对应的动画状态

@keyframes 创建动画部分代码如下：

```
@-webkit-keyframes name{
        0%{
            width:120px;
        }
        25%{
            width:200px;
        }
        50%{
            width:300px;
        }
        100%{
            width:500px;
        }
}
```

animation 属性用于描述动画的 CSS 声明，包括指定具体动画以及动画时长等行为，相关属性描述如表 6-8 所示，animation 属性的基本语法如下：

```
    animation: name duration timing-function delay iteration-count
direction fill-mode play-state;
```

表 6-8 animation 属性

属性	描述
animation-name	规定@keyframes 动画的名称
animation-duration	规定动画完成一个周期所花费时间，time 值以秒或毫秒计，默认是 0
animation-timing-function	规定动画的速度曲线（同表 6-6）
animation-delay	规定动画开始前的延迟，time 值以秒或毫秒计，默认是 0，可选
animation-iteration-count	规定动画被播放的次数，默认是 1；infinite 规定动画应该无限次播放
animation-direction	规定动画是否在下一周期逆向播放；normal 默认值，动画应该正常播放；alternate 动画应该轮流反向播放
animation-play-state	规定动画是否正在运行或暂停；paused 规定动画已暂停；running 为默认值，规定动画正在播放

6.4.2.2　animation 动画制作案例

案例 6-7

animation 动画制作案例

雪碧图是一种 CSS 图像合并技术生成的图片，该技术将若干小图标和背景图像合并到一张图片上，然后利用 CSS 背景定位技术显示需要显示的图片部分。本案例使用雪碧图（图 6-8）生成的花朵效果如图 6-9 所示。具体制作步骤如下。

图 6-8　雪碧图

01 创建 HTML 页面，在<body>标签中添加背景格式，代码如下：

```
<div class="container">
  <span>初生</span>
  <div id="hua"></div>
</div>
```

02 设置 div 的宽度和高度，隐藏溢出 div 的背景，代码如下：

```
.container{
     height:170px;
     width:116px;
     margin-left:50px;
     border-radius:5px;
     font-family:"arial black";
     background-color:rgba(0,200,0,0.5);
     border:1px solid gainsboro;
}
```

03 使用@keyframes 创建动画，使背景图有规律向左移动，代码如下：

```
@keyframes hua{
     from{background-position:0px;}
     20%{background-position:-77px;}
     40%{background-position:-149px;}
     60%{background-position:-220px;}
     80%{background-position:-294px;}
     to{background-position:-363px;}
}
```

04 设置动画效果，使图片背景移动，在 div 中使用动画，代码如下：

```
#hua{
  margin:0 20px;
  padding-top:15px;
  border-radius:3px;
  width:73px;
  height:117px;
  background-image:url(img/animation.png);
  animation:hua 5s step-start 0s infinite normal;
}
```

图 6-9　生长的小花

05 调整页面布局，显示最佳效果，运行效果如图 6-9 所示。

任务6.5 CSS3 综合应用案例

任务描述：综合应用 HTML+CSS+CSS3，完成一本好书推荐页面的制作。

案例 6-8

好书推荐导航区制作

综合本项目所学知识设计好书推荐页面，效果图 6-10 所示，实现步骤如下。

图 6-10　好书推荐首页效果

01 创建网页，搭建页面结构框架，代码如下：

```
<div id="container">
    <header><!--header展示区--></header>
    <nav><!--导航区--></nav>
    <section><!--产品展示区--></section>
    <footer><!--版权区--> </footer>
</div>
```

运行效果如图 6-11 所示。

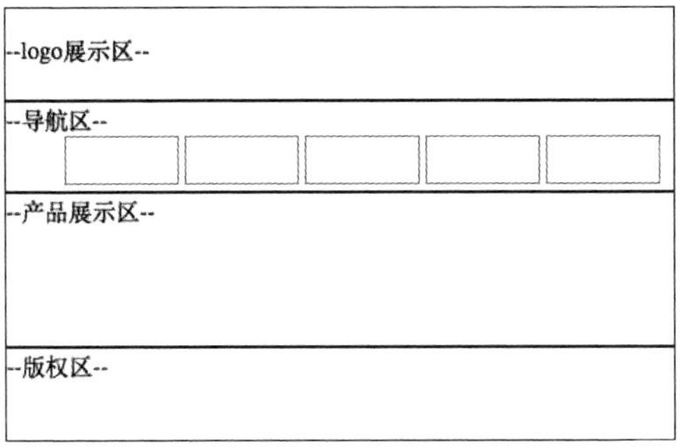

--logo展示区--

--导航区--

--产品展示区--

--版权区--

图 6-11　页面框架

02 创建外部样式表文件 bookstyle.css，并在网页的<head></head>标签内引用该外部样式表文件，代码如下。

```
<head>
    <title>经典好书</title>
    <meta charset="utf-8" />
   <link href="css/bookstyle.css" rel="stylesheet" type="text/css">
</head>
```

03 设计头部图片，在样式表文件中重定义 header 标签样式，添加背景图，并给背景图添加圆角效果和边框阴影效果，样式代码如下。

```
header{
    height: 160px;
    background-image: url(../img1/top.jpg);
    border-radius: 0 0 10px ;
    box-shadow: 5px 1px 4px #4183c5;
}
```

运行效果如图 6-12 所示。

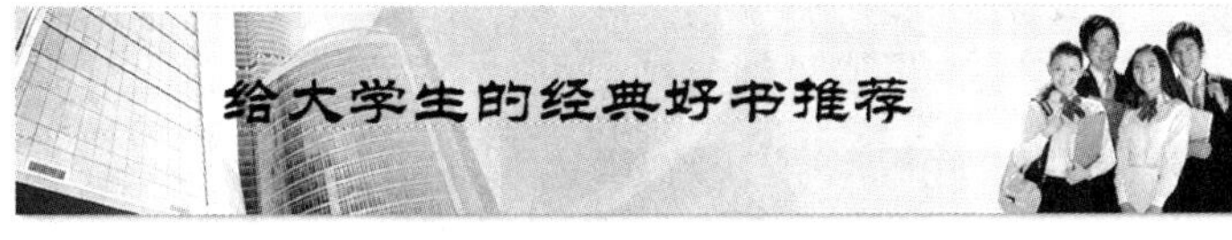

图 6-12　header 设计

04 <nav> <!--导航区--> </nav>添加如下代码，并补充相应样式。

```
<nav>
   <ul>
     <li><a href="#">经典书</a></li>
    <li><a href="#">电子书</a></li>
    <li><a href="#">镇店之宝</a></li>
    <li><a href="#">会员中心</a></li>
    <li><a href="#">联系我们</a></li>
  </ul>
</nav>
```

运行效果如图 6-13 所示。

经典书　电子书　镇店之宝　会员中心　联系我们

图 6-13　nav 设计

好书推荐内容区制作

05 <section><!--产品展示区--></section>添加如下代码，并补充相应样式。

```
<section>
  <p>
        无书墨飘香四处，无诗文相伴的青春
       <br/>回忆时起来也总会感觉缺少了什么
     <br/>所以啊，趁着阳光灿烂，微风不燥
      <br/>一切都是最美好时    <br/>去满足自己的书生意气，去肆意挥斥方遒
    </p>
    <p>
      在闲暇之时捧上一本书      <br/>去阅读别人的经历， 去体会别人的感受
       <br/>去见识更大更灿烂的世界    <br/>不拘泥于一方小世界
     <br/>努力成为更好的自己          <br>
    </p>
   <ul>
     <li><a><img src="img1/史记.png"></a><span>史记</span></li>
     <li><a><img src="img1/改变思维.png"></a><span>改变思维</span></li>
     <li><a><img src="img1/古文观止.png"></a><span>古文观止</span></li>
     <li><a><img src="img1/论语.png"></a><span>论语</span></li>

     <li><a><img src="img1/时间简史.png"></a><span>时间简史</span></li>
     <li><a><img src="img1/策略思维.png"></a><span>策略思维</span></li>
     <li><a><img src="img1/遇见未知的自己.png"></a><span>遇见未知的
自己</span></li>
     <li><a><img src="img1/平凡的世界.png"></a><span>平凡的世界</span>
</li>
   </ul>
  </section>
```

运行效果如图 6-14 所示。

图 6-14　section 设计

06 <footer><!--版权区--> </footer>添加如下代码，并补充相应样式。

```
<footer>
      <p>&copy@我的书屋： 读一本好书，认识一次当初的自己</p>
</footer>
```

运行效果如图 6-15 所示。

©@我的书屋：读一本好书，认识一次当初的自己

图 6-15　版权设计

07 项目 css 文件代码如下：

```
body{
    margin:0px;padding:0px;    text-align:center;
   background-image: linear-gradient(top, #e8f2fa, #fff);
   background-image: -webkit-linear-gradient(top, #e8f2fa, #fff);
}
#container{
     position:relative;
     margin:0px auto 0px auto;
    width: 1000px;
}
header,section,nav,footer{
  width: 1000px;}
header{
  height: 160px;border-radius: 0 0 10px ;
   background-image: url(../img1/top.jpg);
   box-shadow: 5px 1px 4px #4183c5;
}
 nav{
    margin: 10px 0px 0px 0px;
   font-size: 20px;
}
nav ul{
     list-style:none;
     padding:0px;
     margin:0px auto;
}
nav ul li{
     display: inline-block;
     width:150px;
     height:40px;
     border-radius:8px 8px 0 0;
   text-align: center;
   background-image: -webkit-linear-gradient(top, #8fa1ff, #2a44c3);
  }
nav ul li a:link,nav ul li a:visited{
     display:block;
     padding: 5px 6px 5px 6px;     color:#fff;
```

```
        text-decoration:none;
    }
    nav  ul li a:hover{
        color: #f9f9f9;
        text-decoration:underline;
        border-radius:8px 8px 0 0;
    }
    li a:hover{
          opacity:60%; }
    section{
        clear:both;
        margin:5px auto;
        text-align:center;
    }
    section ul {
        margin:3px auto;
         padding:0px 0px 0px 0px;
    }
    section ul li{
        list-style:none;
        margin:0px 2px;
        display:inline-block;
    }
    section span{
        display:block;
        font-size:16px;padding-bottom:15px;
    }
    section img{
        width: 230px;   height: 300px;  padding-right:10px;
        border-radius:10px;
    }
    section p{
       margin: 5px 20px 15px;
     padding: 10px 0px 0px 0px;
     border-right: 2px double #298080;
     border-bottom: 2px double #298080;
     border-radius: 5px;
     box-shadow: 3px 1px 3px #00537a;
     height: 160px;  width: 450px;
     opacity: 90%;
     font-size: 20px;    line-height: 30px;
     float: left;
     font-family: 隶书,楷体,黑体;
    }
    footer{
        margin:3px auto;     height:50px;
        background-image: url(../img1/bottom.png);
```

```
    opacity:50%;
    border-top: 2px solid #298080;
}
footer p{
  line-height: 50px;margin:0px;
  text-align:center;
}
```

运行网页，可得如图 6-10 所示效果。

上机实训

1. 结合本项目所学内容完成页面设计，效果如图 6-16 所示。

图 6-16 脚本之家

技能要点:

1）CSS3 文字阴影 text-shadow 属性的使用。

2）CSS3 图像阴影的使用。

3）圆角图片的使用。

关键代码如下:

```
img#logo {
        -moz-box-shadow:#ccc 2px 2px 2px;
        -webkit-box-shadow:#ccc 2px 2px 2px;
        box-shadow:#ccc 3px 3px 2px;
        -moz-border-radius:10px;
        -webkit-border-radius:10px;
        border-radius:10px;
}
li.logo span:first-of-type {
      font-size:30px;
      font-family:Microsoft YaHei;
      color:#e5d0cc;
      -moz-text-shadow:-1px 0 black,1px 0 black,0 1px black,0 -1px black;
      -webkit-text-shadow:-1px 0 black, 1px 0 black,0 1px black, 0
-1px black;
      text-shadow:-1px 0 black,1px 0 black,0 1px black,0 -1px black;
}
/* HTML结构 */
   <ul class="ulLogo">
      <li><img id="logo" src="img/logo.gif" alt=""/></li>
      <li class="logo">
```

```
        <span>脚本之家</span>   <br>
        <span>www.jb51.net</span></li>
        <li><img src="img/a.gif" alt=""/></li>
        <li><img src="img/b.gif" alt=""/></li>
</ul>
```

图 6-17 奔跑的女孩

2. 利用雪碧图完成小孩奔跑动画，效果如图 6-17 所示。

技能要点：

1）使用@keyframes 创建动画。

2）使用 animation 使用动画。

3）使用 overflow:hidden，以及 div 设置网页。

关键代码如下：

```
.girl {
    position:absolute;
    width:180px;
    height:300px;
    background:url(../img/girl.png) 0 0 no-repeat;
    animation:charector infinite step-start 950ms;
 }
 @keyframes charector {
    0% {background-position:0 0;}
    14.3% {background-position:-180px 0;}
    28.6% {background-position:-360px 0;}
    42.9% {background-position:-540px 0;}
    57.2% {background-position:-720px 0;}
    71.5% {background-position:-900px 0;}
    85.8% {background-position:-1080px 0;}
    100% {background-position:0 0;}
 }
 /*  HTML结构  */
 <div class="girl">
     <p>奔跑的女孩</p>
 </div>
```

混合式教学附录

案例 6-1 任务分工表

任务	制作特效文字
任务 1	创建网站、创建网页、创建样式表文件（注意命名规范），并在网页中添加样式文件的引用
任务 2	在样式文件中添加文本阴影样式，在网页文件中添加层、输入文字，并引用该样式（注意不同浏览器的兼容性样式设置）
任务 3	在样式文件中添加文本描边样式，在网页文件中添加层、输入文字，并引用该样式（注意不同浏览器的兼容性样式设置）
任务 4	在样式文件中添加文本浮雕样式，在网页文件中添加层、输入文字，并引用该样式（注意不同浏览器的兼容性样式设置）
任务 5	参考网页运行效果，完善并运行网页

其他案例可参考案例 6-1 的任务分工进行分组练习。

交流讨论

1. 不同浏览器内核对 CSS3 的支持度不同，有些需要添加私有前缀才能支持新的 CSS3 特性，举例说明常用的浏览器对应前缀有哪些？
2. 文本的阴影、描边和浮雕效果是否有本质的不同？
3. border-radius 属性可应用在哪些场景页面中？举一个网页页面效果说明。
4. 比较 transition 过渡动画和 animation 帧动画的区别。
5. 您觉得本单元学习的重点和难点是什么？

单元测试

1. 以下标签中不是 HTML5 语义化标签的是（　　）。

　A．<header></header>　　B．<section></section>

　C．<marquee></marquee>　　D．<article></article>

2. 在使用 CSS3 盒模型时，box-sizing 属性设置为（　　），元素的宽度只是该元素内容的宽度，而不包括边框和内边距的宽度。

　A．content-box　　B．border-box　　C．text-box　　D．none

3. 实现 CSS3 线性渐变效果，渐变的方向从右上角到左下角，起点颜色从白色到黑色，以下写法正确的是（　　）。

　A．background:linear-gradient(225deg,rgba(0,0,0,1),rgba(255,255,255,1));

　B．background:linear-gradient(-135deg,hsla(120,100%,0%,1),hsla(240,100%,100%,1));

　C．background:linear-gradient(to top left,white,black);

　D．background: linear-gradient(to bottom left, white, black);

4. 下列关于 box-shadow 的说法正确的是（　　）。

　A. 设置文字投影　　B. 第一个值设置水平距离

　C. 第二个值设置水平距离　　D. 第三个值设置投影颜色

5. 设置盒子圆角的属性是（　　）。

A．box-sizing　　B．box-shadow　　C．border-radius　　D．border

6. 设置文本阴影效果的属性是（　　）。

A．box-sizing　　B．text-shadow　　C．border-radius　　D．border

7. 使用 CSS3 过渡效果“transition:width .5s ease-in .1s;”，其中“.5s”对应的属性是（　　）。

A．transition-property：对象中参与过渡的属性

B．transition-duration：对象过渡的持续时间

C．transition-timing-function：对象中过渡的动画类型

D．transition-delay：对象延迟过渡的时间

8. 设定一个元素按规定的动画执行，需要运用的规则是（　　）。

A．animation　　B．keyframes　　C．flash　　D．transition

9. 使一个动画一直执行的属性是（　　）。

A．animation-direction　　B．animation-iteration-count

C．animation-play-state　　D．animation-delay

10. 样式属性设置为 animation:myfirst 5s infinite;表示（　　）。

A. 动画播放 5 秒后结束　　B .动画可反向播放运行

C. 动画播放一个周期的时间为 5 秒　　D. 动画无限次循环播放

11. transition 可以对（　　）样式属性产生过渡效果。

A. 字体颜色　　B. 背景颜色　　C. 阴影大小　　D. 宽度高度

12. CSS3 的 border-radius 属性值可应用在下面（　　）元素中。

A. ul　　B. li　　C. p　　D. img

13. border-radius:10px 15px 20px;则这里 15px 代表（　　）的圆角半径。

A. 左上角　　B. 右上角　　C. 右下角　　D. 左下角

14. animation 默认的动画速度曲线是（　　）。

A. linear 动画从头到尾速度相同

B. ease 动画以低速开始，然后加快，在结束前变慢

C. ease-in 动画以低速开始

D. ease-in-out 动画以低速开始和结束

学习自评与互评

序号	评价内容	重要性	个人自评	同学互评	教师评价
1	CSS3 文本效果的应用	★★★★☆			
2	CSS3 背景与渐变效果	★★★			
3	CSS3 制作边框效果	★★★★★			
4	CSS3 过渡动画和帧动画制作	★★★★☆			
5	小组任务表现	★★★☆			
6	交流互动表现	★★★			
7	上机实训任务	★★★★			
8	单元测试	★★★☆			

项目 7

HTML5 新特性与媒体应用

知识目标

1. 掌握 HTML5 新特性
2. 掌握 HTML5 的常用新增元素
3. 掌握 HTML5 元素的全局属性
4. 掌握 HTML5 网页中多媒体的应用

能力目标

1. 能够在网页中应用 HTML5 的新增元素
2. 能够在网页中播放音频视频文件

思政目标

了解学科发展，树立专业自信

任务7.1 了解 HTML5 新特性

任务描述：从 HTML4.0、XHTML 到 HTML5，不仅仅是 HTML 描述性标记语言的一种更加规范的过程，而且在 HTML5 中增加了更多非常实用的新功能和新特性。本次任务具体介绍 HTML5 的一些新特性。

1. 解决浏览器兼容问题

在 HTML5 之前，各大浏览器厂商为了争夺市场，在各自浏览器中增加各种各样的功能，并且不具有统一标准，导致使用不同浏览器打开同一网页时，会呈现出不同的效果。而 HTML5 具备了良好的跨平台性能，只要在 HTML5 中稍加处理就可以兼容多个浏览器。

2. 新增多个功能丰富的新元素和 API

HTML 语言从 1.0 到 5.0 经历了巨大的变化，从单一的文本显示元素到图文并茂的多媒体元素，为用户在使用过程中增添了许多便利性。HTML5 新增的元素和 API 如下。

- 提供了一组丰富的语义化元素，如 header、nav、section、article、footer。
- 表单控件，如 date、time、email、url、search。
- 用于绘图的 canvas 元素。

- 支持多媒体的音频和视频元素，如<audio>、<video>。
- 增强离线存储功能，如 sessionStorage、localStorage。
- 地理位置、拖曳等 API。

3. 用户优先的原则

HTML5 标准的制定是以用户优先为原则的，一旦遇到无法解决的冲突时，HTML5 会把用户放在第一位。

4. 元素语法化繁为简

HTML5 进一步地简化了元素语法，严格遵守“简单至上”原则，主要体现在以下几个方面。

- 简化的文档类型声明，只用<!DOCTYPE html>表示 HTML5 文档。
- 新的简化字符集声明，比如 charset="utf-8"。
- 元素属性值只有一个，且与属性名一致时可以省略，如<input type="text" required="required">可以简写为<input type="text" required>。

任务7.2 了解 HTML5 常用新增元素

任务描述：了解 HTML5 新增加的一些网页中常用的元素，包括 figure、figcaption、details、summary、time、mark 等。

子任务 7.2.1 掌握 figure 元素和 figcaption 元素的应用

在 HTML5 中，figure 元素用于标记文档中的一个图像。figcaption 元素用于为 figure 元素添加标题，一个 figure 元素内最多允许使用一个 figcaption 元素，而且该元素应该放在 figure 元素内的第一个或最后一个子元素位置。

案例 7-1

HTML5 常用新增元素介绍

创建网页 index7-1.html，在<head>标签内添加内部样式，代码如下：

```
<style>
    figure{width: 600px;margin: 10px auto;}
    figure img{float: left;padding-right: 10px;}
    figure p{line-height: 30px;}
    figcaption{font-weight: bold;font-size: 25px;color: #EE0000;}
    .clearfloat{clear: both;}
    .line{border-top:1px solid #a8a8a8;width: 600px;margin: 20px auto;}
</style>
```

在网页的<body>标签内添加代码如下：

```
<figure><!--当作是一段内容描述的标志性标签，类似div的作用--->
 <figcaption>未来的工作</figcaption>
 <p><img src='./img/未来的工作.png' alt='好书' width="130" height="180"/>简介：未来的组织和工作将会是什么样子的？本书为我们描述了超职场时代的美丽新世界：自由职业者将崛起，企业将变成由全职员工和（来自平台的非全职性）自由工
```

```
作者组成的混合体；不仅从理念层面探讨了未来的工作，而且试图提供一套实用的工具，来帮
助企业驾驭变化的浪潮。</p>
                </figure>
               <div class="clearfloat"></div>
               <div class="line"></div>
                <figure>
                 <figcaption>今日简史</figcaption>
                 <p><img src='./img/今日简史.png' alt='好书' width="130"
height="180"/>简介：《今日简史》提出，当前人类社会面临着科技颠覆、生态崩溃和核战
争三大挑战。“国家”这一身份认同已不足以应对今天的挑战，任何一个国家都无法独立解决
全球性问题。人工智能和生物技术正在颠覆原有的社会结构和分配方式，数据成为最重要的资
源。</p>
                </figure>
```

运行效果如图 7-1 所示。

图 7-1　figure 与 figurecaption 效果

子任务 7.2.2　掌握 details 和 summary 元素的应用

案例 7-2

details 用于对显示在页面上内容做进一步解释，其展现出来的效果和 jQuery 手风琴效果差不多。

details 和 summary 元素

使用 summary 作为 details 的第一个子元素，用于为 details 定义标题，标题是可见的，当用户单击标题时，其他内容则会显示或隐藏。

创建名为 index7-2.html 的网页，在<head>标签内添加样式代码如下：

```
    <style>
        .style1{line-height: 28px;width:800px;padding:10px;}
        .book{font-size:20px;color:#0000ea;}
    </style>
```

在<body>标签内添加代码如下：

```
<details class="style1">
   <summary>教育的未来</summary>
   <h3>教育的未来简介</h3>
   <dl>
```

```
        <dt class="book">书名</dt>
            <dd>教育的未来：人工智能时代的教育变革</dd>
        <dt class="book">作者简介</dt>
            <dd>约瑟夫 • E.奥恩，约瑟夫 • E.奥恩美国高等教育政策的领导者、美国东北大学的第7任校长，美国艺术与科学研究院的成员，美国教育委员会（ACE）的前任主席。</dd>
        <dt class="book">出版社:机械工业出版社</dt>
        <dt class="book">出版时间:2018.12</dt>
        <dt class="book">推荐理由</dt>
            <dd>入选2 0 1 8 哈佛大学学生必读书单诺贝尔奖获得者艾里亚斯•詹姆斯•科里倾情推荐美国东北大学校长披露美国教育变革的逻辑，
    数据素养、科技素养和人文素养是制胜未来的关键。 </dd>
    </dl>
</details>
```

运行效果如图 7-2 所示，单击标题后效果如图 7-3 所示。

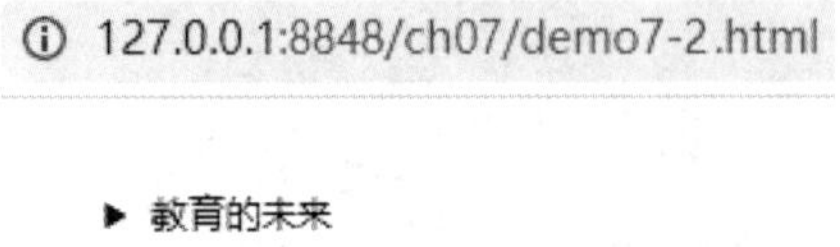

ⓘ 127.0.0.1:8848/ch07/demo7-2.html

▶ 教育的未来

图 7-2　details 与 summary 元素效果 1

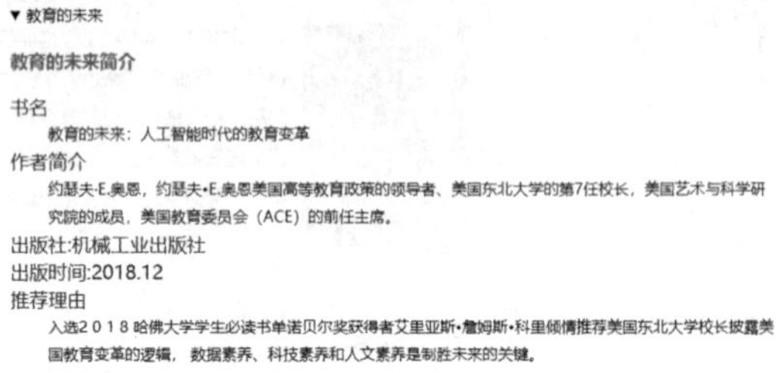

▼ 教育的未来

教育的未来简介

书名

教育的未来：人工智能时代的教育变革

作者简介

约瑟夫·E.奥恩，约瑟夫·E.奥恩美国高等教育政策的领导者、美国东北大学的第7任校长，美国艺术与科学研究院的成员，美国教育委员会（ACE）的前任主席。

出版社:机械工业出版社

出版时间:2018.12

推荐理由

入选2 0 1 8 哈佛大学学生必读书单诺贝尔奖获得者艾里亚斯•詹姆斯•科里倾情推荐美国东北大学校长披露美国教育变革的逻辑，数据素养、科技素养和人文素养是制胜未来的关键。

图 7-3　details 与 summary 元素效果 2

子任务 7.2.3　了解 time 和 mark 元素的应用

time 元素用于表示 24 小时制时间和公历日期。该元素能够以机器可读的格式表示日期和时间，有安排日程表功能的应用可以将此时间添加至日程表中。但在浏览器渲染中不会呈现任何特殊效果。

time 元素有 datetime 和 pubdate 两个属性。其中，datetime 表示此元素的时间和日期，并且属性值必须是一个有效的日期格式，并可包含时间，如果此值不能被解析为日期，则由元素的内容给定日期或时间；pubdate 表示<time>元素中的日期/时间是文档（或<article>元素）的发布日期。

mark 元素的主要功能是高亮显示某些字符，以引起用户注意。

案例 7-3

time 和 mark 元素应用

创建名为 index7-3.html 的网页，在<body>标签内添加如下代码，高亮显示文字，显示不同时间格式。

```
    <h3>关于人工智能</h3>
    <div>创新工场董事长李开复、创新工场人工智能工程院副院长王咏刚携手解读：<mark>人工智能时代，个人与企业如何找到人机协作的新位置</mark>。
        <mark>人工智能</mark>将颠覆现有的商业模式，不仅在高科技领域，任何企业都需要尽早引入<mark>“AI ”</mark>的思维方式。
        <mark>人工智能</mark>将部分取代人类的工作，程式化的、重复性的技能将失去价值。我们的工作必须具备足够的深度，
    让自己强大到不会轻易被机器撼动。</div>
```

```
    <div>
        <time datetime="2022-4-28" pubdate="pubdate">本消息发布于2022
年4月28日</time>
      </div>
```

运行效果如图 7-4 所示。

关于人工智能

创新工场董事长李开复、创新工场人工智能工程院副院长王咏刚携手解读：人工智能时代，个人与企业如何找到人机协作的新位置。人工智能将颠覆现有的商业模式，不仅在高科技领域，任何企业都需要尽早引入"AI"的思维方式。人工智能将部分取代人类的工作，程式化的、重复性的技能将失去价值。我们的工作必须具备足够的深度，让自己强大到不会轻易被机器撼动。

本消息发布于2021年11月28日

图 7-4　time 和 mark 元素效果

任务7.3　HTML5 元素的全局属性

任务描述：理解全局属性。HTML5 中定义了一些所有标签元素均可使用的属性，包括可编辑区设置、拼写检查、是否隐藏、是否可拖动等。

全局属性是指对任何元素都可以使用的属性，HTML5 新增的全局属性如表 7-1 所示。

表 7-1　HTML5 全局属性

属性	描述
contenteditable	规定是否可编辑元素的内容
data-*	用于存储页面的自定义数据
draggable	指定某个元素是否可以拖动，要实现真正拖动，需与 JavaScript 结合使用
hidden	hidden 属性规定对元素进行隐藏
spellcheck	检测元素是否拼写错误

子任务 7.3.1　了解 contenteditable 元素

该属性规定是否可以在浏览器中编辑元素的内容，但前提是该元素获得焦点并且内容不可读。在 HTML5 之前的版本中如果需要直接在页面上编辑文本需要编写比较复杂的 JavaScript 代码，但在 HTML5 中只要指定该属性即可。该属性有两个值，true 表示可编辑，反之则不能。

案例 7-4

创建网页，命名为 index7-4.html，在<body>标签内添加如下代码。

元素全局属性应用案例

```
      <body>
       <h3>热爱生命</h3>
         <p contenteditable="true">
              我不去想是否能够成功<br />
```

```
        既然选择了远方，便只顾风雨兼程<br />
        我不去想能否赢得爱情<br />
        既然钟情于玫瑰，就勇敢地吐露真诚<br />
        我不去想身后会不会袭来寒风冷雨<br />
        既然目标是地平线，留给世界的只能是背影<br />
        我不去想未来是平坦还是泥泞<br />
        只要热爱生命，一切，都在意料之中<br />
    </p>
    </body>
```

运行页面，效果如图 7-5 所示，把光标定位到第一行文字上面添加作者姓名，效果图如图 7-6 所示。

热爱生命

我不去想是否能够成功
既然选择了远方，便只顾风雨兼程
我不去想能否赢得爱情
既然钟情于玫瑰，就勇敢地吐露真诚
我不去想身后会不会袭来寒风冷雨
既然目标是地平线，留给世界的只能是背影
我不去想未来是平坦还是泥泞
只要热爱生命，一切，都在意料之中

图 7-5 contenteditable 效果 1

热爱生命

作者：汪国真

我不去想是否能够成功
既然选择了远方，便只顾风雨兼程
我不去想能否赢得爱情
既然钟情于玫瑰，就勇敢地吐露真诚
我不去想身后会不会袭来寒风冷雨
既然目标是地平线，留给世界的只能是背影
我不去想未来是平坦还是泥泞
只要热爱生命，一切，都在意料之中

图 7-6 contenteditable 效果 2

子任务 7.3.2 了解 spellcheck 元素

该属性主要针对 input 元素和 textarea 元素使用，对用户输入的文本内容进行拼写和语法检查。该属性有 true 和 false 两个值，当其值为 true 时表示检查用户输入的内容，反之则不检查。如果不是 input 类型的元素使用拼写检查，则须指定可编辑属性 contenteditable 值为 true。

案例 7-5

拼写检查应用案例

创建网页，命名为 index7-5.html，在<body>标签内添加代码如下。

```
<body>
    <p>针对input元素内的拼写检查</p>
 <textarea cols="80" rows="5" spellcheck="true">
对的语句：Youth is not a period of time, it is a state of mind
有拼写错的：Youth is not a period of time, it is a state ofof mind
 </textarea><br />
 <p>非input元素内的拼写检查</p>
 <div contenteditable="true" spellcheck="true">
    You will never know unless you try<br />
    有拼写错的：You will never know unless youur try<br />
 </div>
 </body>
```

将浏览器设置成支持拼写检查，运行页面，效果如图 7-7 所示。

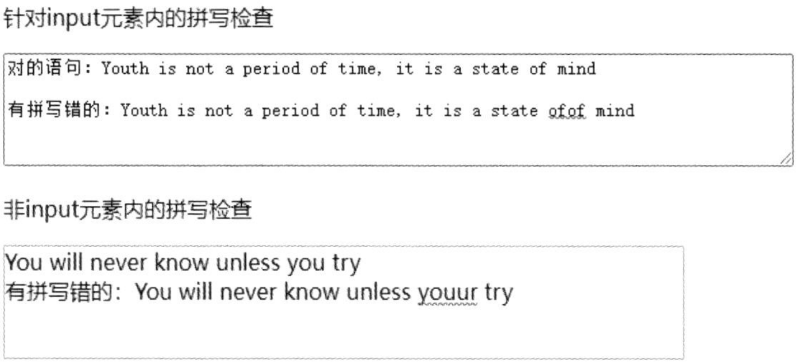

针对input元素内的拼写检查

对的语句：Youth is not a period of time, it is a state of mind

有拼写错的：Youth is not a period of time, it is a state ofof mind

非input元素内的拼写检查

You will never know unless you try
有拼写错的：You will never know unless youur try

图 7-7 spellcheck 语法检查效果

子任务 7.3.3 了解需要与 JavaScript 结合使用的全局属性

1. data-*元素

该属性用于存储页面或应用程序的自定义数据，这些数据能够被页面的 JavaScript 调用，以创建更好的用户体验。data-*属性包括两个部分，属性名不应该包含任何大写字母，并且在前缀 "data-" 之后必须有至少一个字符，属性值可以是任意字符串。示例代码如下：

```
<ul>
    <li data-animal-type="濒危鸟类">黑鹳</li>
    <li data-animal-type="濒危鱼类">巨骨舌鱼</li>
    <li data-animal-type="濒危爬行动物">暹罗鳄</li>
</ul>
```

2. draggable 元素

该属性定义元素是否可以拖动，有两个值，true 表示可以拖动操作，反之则不能。例如，<h2 draggable="true">可拖动的标题</h2>，但本代码无法实现真正的拖动，需要后期结合 JavaScript 使用。

3. hidden 元素

该属性有 true 和 false 两个值。其中，true 表示元素被隐藏，反之则显示。页面装载后可以使用 JavaScript 将该属性取消，使该元素变为可见状态。

任务7.4 播放音视频文件

任务描述：使用 HTML5 的 video 元素和 audio 元素实现在网页中播放视频和音频文件。

子任务 7.4.1 学会使用 video 元素播放视频

HTML5 规定了一种通过 video 元素播放视频的标准方法。

1. 浏览器支持的视频格式

当前，video 元素对应浏览器支持的三种视频格式如表 7-2 所示。

表 7-2　video 元素对应浏览器支持的三种视频格式

格式	IE	Firefox	Opera	Chrome	Safari
Ogg	No	3.5+	10.5+	5.0+	No
MPEG 4	9.0+	No	No	5.0+	3.0+
WebM	No	4.0+	10.6+	6.0+	No

表 7-2 中：

- Ogg：带有 Theora 视频编码和 Vorbis 音频编码的 Ogg 文件。
- MPEG 4：带有 H.264 视频编码和 AAC 音频编码的 MPEG 4 文件。
- WebM：带有 VP8 视频编码和 Vorbis 音频编码的 WebM 文件。

2. <video>元素属性

<video>元素的属性如表 7-3 所示。

表 7-3　<video>元素属性

属性	值	描述
autoplay	autoplay	如果出现该属性，则视频在就绪后马上播放
controls	controls	如果出现该属性，则向用户显示控件，如播放按钮
height	pixels	设置视频播放器的高度
loop	loop	如果出现该属性，则当媒介文件完成播放后再次开始播放
preload	preload	如果出现该属性，则视频在页面加载时进行加载，并预备播放。如果使用 "autoplay"，则忽略该属性
src	url	要播放的视频的 URL
width	pixels	设置视频播放器的宽度

3. 视频播放案例

案例 7-6

HTML5 视频播放案例

在编辑器中新建网页文件，命名为 html5-1.html，输入如下文件代码，即可以在浏览器中运行视频文件。如果浏览器不支持两种格式的视频，则将给出提示。

```
<!DOCTYPE html>
<html>
  <head>
      <meta charset="utf-8">
      <title>视频播放</title>
   </head>
<body>
        <video width="320" height="240" controls="controls">
                <source src="html5images/movie.ogg" type="video/ogg">
                <source src="html5images/movie.mp4" type="video/mp4">
                当前浏览器不支持视频播放
        </video>
</body>
</html>
```

运行效果如图 7-8 所示。

该案例可在 Firefox、Opera 和 Chrome 浏览器播放一个.ogg 格式的视频文件。

为确保该代码适用于 IE 9 以上版本的 IE 浏览器和 Safari 浏览器，增加了一个读取 MPEG 4 类型视频的文件代码。

图 7-8　视频播放效果

说　明

video 元素允许多个 source 元素。source 元素可以链接不同的视频文件，浏览器将使用第一个可识别的格式。

子任务 7.4.2　学会使用 audio 元素播放音频

HTML5 规定了一种通过 audio 元素包含音频的标准方法，audio 元素能够播放声音文件或者音频流。

1. 可播放的音频格式

当前，audio 元素支持三种音频格式，如表 7-4 所示。

表 7-4　audio 元素支持的三种音频格式

格式	IE 9	Firefox 3.5	Opera 10.5	Chrome 3.0	Safari 3.0
Ogg Vorbis		√	√	√	
MP3	√			√	√
Wav		√	√		√

2. <audio> 元素的属性

<audio> 元素的属性如表 7-5 所示。

表 7-5　<audio>元素的属性

属性	值	描述
autoplay	autoplay	如果出现该属性，则音频在就绪后马上播放
controls	controls	如果出现该属性，则向用户显示控件，如播放按钮
loop	loop	如果出现该属性，则每当音频结束时重新开始播放
preload	preload	如果出现该属性，则音频在页面加载时进行加载，并预备播放。如果使用 autoplay，则忽略该属性
src	url	要播放的音频的 URL

如需在 HTML5 中播放音频，可用如下代码：

```
<audio src="song.ogg" controls="controls">
</audio>
```

其中，controls 属性供添加播放、暂停和音量控件。src 属性提供要播放的音频文件名和路径。

<audio>与</audio>之间可以插入当浏览器不支持 audio 元素时的提示信息。

audio 元素提供一个名为 source 的源，通过 source 提供多种音频格式，使得浏览器对文件的支持度更好，要确保大部分浏览器支持，可以增加音频源文件，代码如下：

```
<audio controls="controls">
     <source src="html5images/song.ogg" type="audio/ogg">
     <source src="html5images/song.mp3" type="audio/mpeg">
     当前浏览器不支持
</audio>
```

3. 音频播放案例

案例 7-7

HTML5 音频播放案例

在编辑器中新建网页文件，命名为html5-2.html，输入如下文件代码，即可以在浏览器中运行音频文件，如果浏览器不支持两种格式的音频，将给出提示，代码如下：

```
<!DOCTYPE html>
<html>
  <head>
      <meta charset="utf-8">
      <title>音频播放</title>
  </head>
<body>
   <audio controls="controls">
        <source src="html5images/song.ogg" type="audio/ogg">
        <source src="html5images/song.mp3" type="audio/mpeg">
          当前浏览器不支持
  </audio>
</body>
</html>
```

在 IE 浏览器等支持音频文件运行的浏览器中运行网页，可听到播放音频效果，如图 7-9 所示。

图 7-9　播放音频文件

该案例使用一个.ogg 文件，适用于 Firefox、Opera 和 Chrome 浏览器。

要确保该代码适用于 Safari 浏览器，音频文件必须是 MP3 或 WAV 类型。

说　明

audio 元素允许多个 source 元素。source 元素可以链接不同的音频文件，浏览器将使用第一个可识别的格式。

上机实训

1. 参考案例 7-1 布局，完成一个经典好书推荐页面的制作。
2. 在网页文件中添加代码播放视频文件和音频文件。
3. 登录 http://www.w3school.com.cn 网站，全面了解 HTML 语法和 HTML5 语法。

混合式教学附录

案例 7-1 任务分工表

任务	figure 和 figcaption 元素应用
任务 1	创建网站和网页（注意命名规范）
任务 2	在网页中添加图片和图片说明文字
任务 3	根据效果图，合适位置添加 figure 标签
任务 4	根据效果图，合适位置添加 figcaption 标签
任务 5	参考网页运行效果，完善并运行网页

其他案例可参考案例 7-1 的任务分工进行分组练习。

交流讨论

1. 总结 HTML5 的新特性主要表现在哪些方面？

2. 总结各个浏览器对 HTML5 元素的支持情况？

3. 在 HTML5 出现之前，网页中的多媒体需要 Flash 支持，现在还需要吗？为什么？

4. HTML5 中视频的自动播放功能在不同浏览器中的支持程度是不同的，在 Chrome 浏览器中无法实现自动播放，该如何处理？

5. 您觉得本单元学习的重点和难点是什么？

单元测试

1. 在 HTML 中，下列有关邮箱的链接书写正确的是（　　）。
   A. <A href="telnet:zhangming@aptech.com">发送邮件</A>
   B. <A href="mail:zhangming@aptech.com">发送邮件</A>
   C. <A href="ftp:zhangming@aptech.com">发送邮件</A>
   D. <A href="mailto:zhangming@aptech.com">发送邮件</A>
2. 在 HTML5 中，（　　）用于规定输入字段是必填的。
   A. readonly　　B. required　　C. validate　　D. placeholder
3. HTML5 的正确 doctype 是（　　）。
   A. <!DOCTYPE html>
   B. <!DOCTYPE HTML5>
   C. <!DOCTYPE HTML PUBLIC>
   D. //W3C//DTD HTML 5.0//EN" "http://www.w3.org/TR/html5/strict.dtd">
4. 以下说法不正确的是（　　）。
   A. HTML5 标准还在制定中　　B. HTML5 兼容以前 HTML4 下浏览器
   C. <canvas>标签替代 Flash　　D. 简化的语法
5. 以下（　　）是块级元素。
   A. div　　B. img　　C. input　　D. p
6. 嵌入在 HTML 文档中的图像格式可以是（　　）。

A. *.gif　B. *.tif　C. *.bmp　D. *.jpg

7. 下面（　　）是 HTML5 新增的表单元素。

A. datalist　B. optgroup　C. output　D. legend

8. 下面选项中标签内的文字可以高亮显示的是（　　）。

A. summary　B. hidden　C. mark　D. contenteditable

9. 下列标签属于 HTML5 新增结构标签的是（　　）。

A. header　B. footer　C. nav　D. p

10. HTML5 不支持的视频格式是（　　）。

A. ogg　B. mp4　C. flv　D. WebM

11. 以下关于 video 说法正确的是（　　）。

A. 当前，video 元素支持三种视频格式，其中 WebM 带有 Thedora 视频编码和 Vorbis 音频编码的 WebM 文件。

B. source 元素可以添加多个，具体播放哪个由浏览器决定。

C. video 内使用 img 展示有视频封面

D. loop 属性可以使视频文件循环播放

12. 以下关于 HTML5 的说法正确的是（　　）。

A. HTML5 标准中加入了 WebSql 的 api　B. HTML5 支持 IE8 以上版本（包括 IE8）

C. HTML5 仍处于完善之中　D. HTML5 将取代 Flash 在浏览器的定位

13. HTML5 中不再支持下面（　　）元素。

A. <q>　B. <ins>　C. <menu>　D. <font>

14. 新的 HTML5 全局属性，“contenteditable”用于（　　）。

A. 规定元素的上下文菜单，该菜单会在用户右击时出现

B. 规定元素内容是否是可编辑的

C. 从服务器升级内容

D. 返回内容在字符串中首次出现的位置

15. 在 HTML5 中，（　　）元素用于组合标题元素。

A. <group>　B. <header>　C. <headings>　D. <hgrounp>

16. HTML5 中，spellcheck 是（　　）。

A. HTML 属性　B. HTML 元素　C. 事件属性　D. 样式属性

学习自评与互评

序号	评价内容	重要性	个人自评	同学互评	教师评价
1	HTML5 的新特性	★★★★☆			
2	掌握 HTML5 新增的常用元素及属性	★★★★★			
3	HTML5 多媒体元素的应用	★★★★★			
4	小组任务表现	★★★☆			
5	交流互动表现	★★★			
6	上机实训任务	★★★★			
7	单元测试	★★★☆			

项目 8 基于 Bootstrap 的响应式 Web 设计

知识目标

1. 了解响应式 Web 设计和视口概念
2. 掌握弹性盒布局的使用
3. 掌握 Bootstrap 响应式布局的下载与部署
4. 掌握 Bootstrap 布局容器和栅格系统
5. 掌握 Bootstrap 组件及公共样式运用

能力目标

1. 能够应用 Bootstrap 框架制作弹性布局页面
2. 能够熟练运用 Bootstrap 框架中的组件、公共样式等

思政目标

关注学科发展最新技术，培养不断钻研的学习精神，提升专业素养

任务8.1 了解响应式 Web 设计和视口

任务描述：了解什么是响应式 Web 设计及视口概念。

1. 关于响应式 Web 设计

随着移动产品的日益丰富，出现了各种屏幕尺寸的手机、平板等移动设备。在响应式 Web 设计出现之前，对于同样的内容分别针对每一种尺寸的屏幕独立开发一个网站，成本非常高。因此，响应式 Web 设计应运而生，它可以使一个网站同时适配多种屏幕和多个设备，同时让网站的布局和功能随用户的设备屏幕大小而随时变化。

2. 关于视口

实现响应式 Web 设计，首先要了解的是视口的概念。视口（viewport）最早是苹果公司推出 iPhone 时发明的，为的是让 iPhone 的小屏幕尽可能完整地显示整个网页。在移动端浏览器中存在两种视口，一种是可见视口，即设备大小；另一种是视窗视口，即网页宽度。如图 8-1 所示的设备屏幕宽度是 411px，在浏览器中，

411px 的屏幕宽度能够展示 980px 宽度内容。那么，411px 就是可见视口宽度，980px 就是视窗视口的宽度。

为了显示更多内容，浏览器会经过 viewport 的默认缩放将网页等比例缩小。但是，为了让用户能够看清设备中的内容，通常情况下，并不使用默认的 viewport 进行展示，而是自定义配置视口的属性，使这个缩小比例更加适当。HTML5 中，<meta>标签用于配置视口属性，代码如下：

```
    <meta name='viewport'content='user-scalable=no,width=device-width,
initial-scale=1.0,maximum-scale=1.0,minimum-scale=1.0'>
```

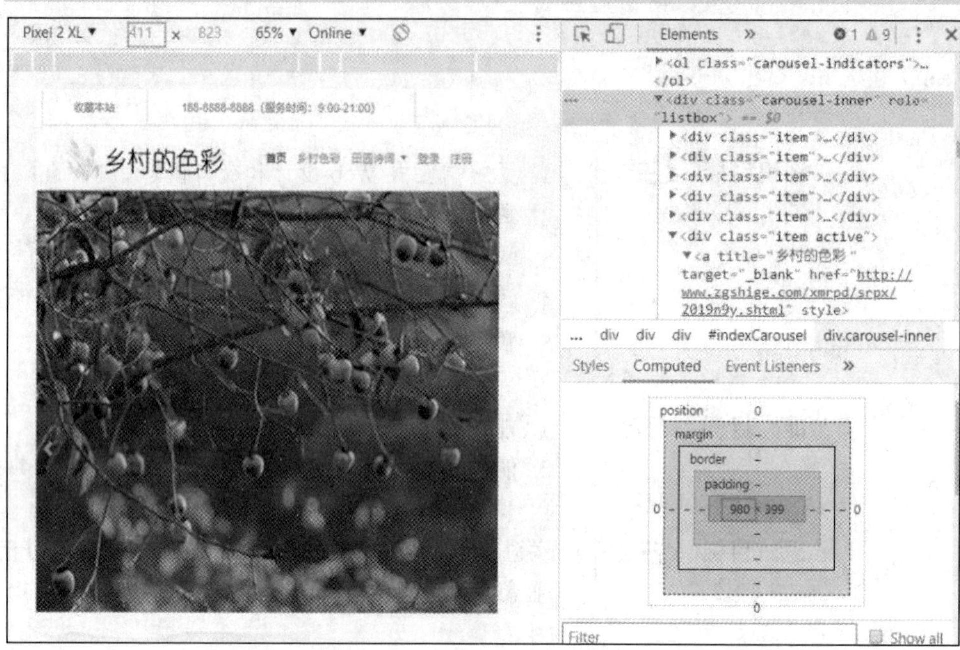

图 8-1 可见视口与视窗视口

视口属性的具体描述如表 8-1 所示。

表 8-1 视口属性的具体描述

属性	取值	描述
width	正整数或 device-width	定义视口宽度，单位 px；取值 device-width 说明视窗视口与可见视口宽度相同
height	正整数或 device-height	定义视口高度，单位 px，一般不用
user-scalable	yes/no	是否允许用户手动缩放页面，默认值为 yes
initial-scale	[0.0-10.0]	初始缩放值
minimum-scale	[0.0-10.0]	缩小最小比例，必须小于或等于 maximum-scale 设置
maximum-scale	[0.0-10.0]	放大最大比例，必须大于或等于 minimum-scale 设置

在所有响应式 Web 设计页面中，特别是需要在移动端浏览器中展示的页面必须添加视口。

任务8.2　了解弹性盒布局

任务描述：了解弹性盒布局的优点、弹性盒结构和相关元素属性等。

弹性盒布局（flexible box）可以轻松创建响应式网页布局，采用弹性盒布局的元素称为弹性盒容器。它的目的在于用弹性的方式来对齐和分布弹性盒容器中内容的空间，使其能适应不同屏幕，为盒模型提供最大的灵活性。弹性盒布局不需要使用浮动，也不会在弹性盒容器与其内容之间产生外边距塌陷，是一种非常灵活的布局方式。

子任务 8.2.1　了解弹性盒的布局结构

弹性盒的布局结构如图 8-2 所示。

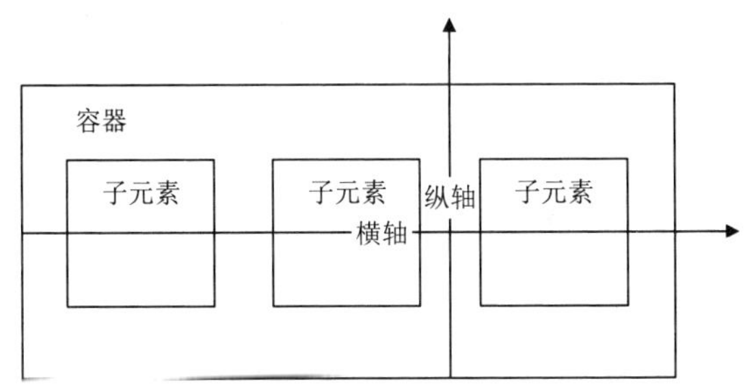

图 8-2　弹性盒的布局结构

由图 8-2 可知，弹性盒由容器、子元素、横轴和纵轴组成，默认情况下，子元素是按照横轴排列的。

案例 8-1

创建名为 index8-1.html 的网页，初始效果如图 8-3 所示，增加弹性盒容器属性后的效果如图 8-4 所示，初始代码如下：

弹性盒容器属性

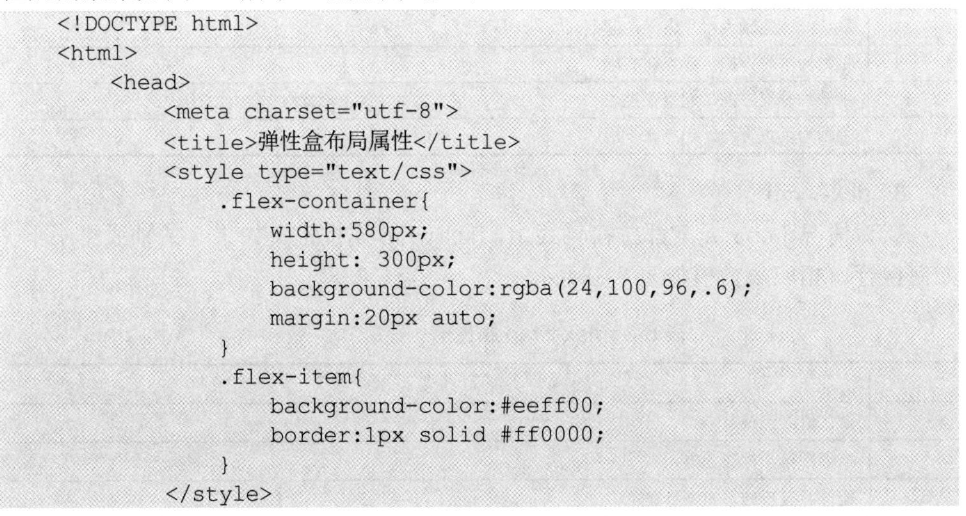

```
<!DOCTYPE html>
<html>
    <head>
        <meta charset="utf-8">
        <title>弹性盒布局属性</title>
        <style type="text/css">
            .flex-container{
                width:580px;
                height: 300px;
                background-color:rgba(24,100,96,.6);
                margin:20px auto;
            }
            .flex-item{
                background-color:#eeff00;
                border:1px solid #ff0000;
            }
        </style>
```

```
    </head>
    <body>
        <div class="flex-container">
            <div class="flex-item">A</div>
            <div class="flex-item">B</div>
            <div class="flex-item">C</div>
        </div>
    </body>
</html>
```

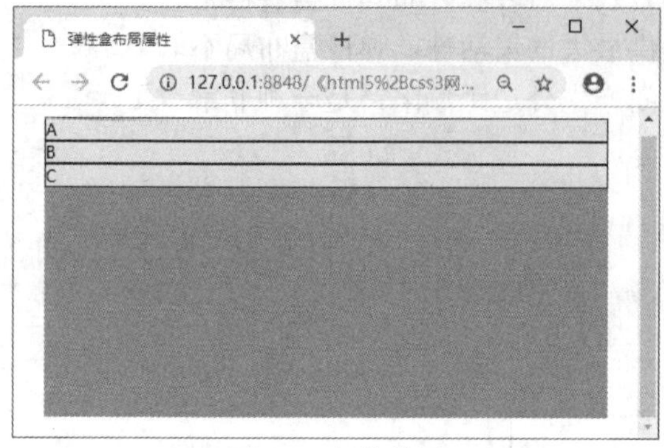

图 8-3　初始效果

图 8-4　增加弹性盒容器属性后效果

子任务 8.2.2　掌握弹性盒容器属性设置

弹性盒容器主要包括如下属性。

1. display

display 用于指定目标元素为弹性盒容器，有 flex 和 inline-flex 两个值，如果目标元素为行内元素则使用 inline-flex。在代码 index8-1.html 中，将.flex-container 的 css 增加 display:flex，保存代码后，查看效果。

2. flex-direction

flex-direction 属性决定弹性盒容器内子元素的排列方向，取值如表 8-2 所示。

表 8-2　flex-direction 的排列方向

取值	意义
row	默认值，主轴为水平方向，起点在左端
row-reverse	主轴为水平方向，起点在右端
column	主轴为垂直方向，起点在上沿
column-reverse	主轴为垂直方向，起点在下沿

3. flex-wrap

默认情况下，子元素都排在轴线上，flex-wrap 属性定义如果一条轴线排不下，如何换行，相应属性值如表 8-3 所示。

表 8-3　flex-wrap 属性值

取值	意义
nowrap	默认值，不换行
wrap	换行，第一行在上方
wrap-reverse	换行并且反转，第一行在下方

4. flex-flow

flex-flow 是 flex-direction 属性和 flex-wrap 属性的简写形式，默认值为 row nowrap。在代码 index8-1.html 中，加多数个.flex-item 元素结构，并将.flex-container 的 css 增加 flex-flow: column wrap，保存代码后，查看效果，用户自行操作，操作完成后还原代码。

5. justify-content

justify-content 属性定义了子元素在主轴上的对齐方式，如表 8-4 所示。

表 8-4　justify-content 属性值

取值	意义
flex-start	默认值，左对齐
flex-end	右对齐
center	居中
space-between	两端对齐，子元素之间的间隔都相等
space-around	每个子元素两侧的间隔相等，因此子元素之间的间隔比子元素与边框的间隔大一倍

6. align-items

align-items 属性定义子元素在垂直于主轴方向上的对齐方式，如表 8-5 所示。

表 8-5　align-items 属性值

取值	意义
flex-start	垂直于主轴方向起点对齐
flex-end	垂直于主轴方向终点对齐
center	垂直于主轴方向中间位置对齐
baseline	子元素的第一行文字的基线对齐
stretch	默认值，如果子元素未设置高度或设为 auto，将占满整个容器的高度

在代码 index8-1.html 中，在.flex-container 的 css 中增加代码：justify-content: center; align-items: center，保存后查看效果。

子任务 8.2.3　了解弹性盒容器子元素属性

弹性盒容器子元素主要包括如下属性。

1. order

order 属性定义子元素的排列顺序。默认值为 0，数值越小，排列越靠前。例如，将子元素 A、B、C 的 order 值分别改为 2、3、1，保存代码查看效果。

2. flex-grow

flex-grow 属性定义子元素的放大比例，默认值为 0，也就是说如果存在剩余空间，也不放大。如果所有子元素的 flex-grow 属性都为 1，则它们将剩余空间等分。如果一个子元素的 flex-grow 属性为 2，其他子元素都为 1，则前者占据的剩余空间将比其他子元素多一倍。

3. flex-shrink

flex-shrink 属性定义了子元素的缩小比例，默认值为 1，也就是说如果空间不足，该子元素将缩小。如果所有子元素的 flex-shrink 属性都为 1，当空间不足时，都将等比例缩小。如果一个子元素的 flex-shrink 的属性为 0，其他子元素都为 1，当空间不足时，前者不缩小。

4. flex-basis

flex-basis 属性定义了在分配多余空间之前，子元素占据的主轴空间。浏览器根据这个属性，计算主轴中是否有多余空间，其默认值为 auto，即子元素的本来大小，也可以设置成具体值（如 200px），则子元素将占据固定空间。

5. flex

flex 属性是 flex-grow、flex-shrink 和 flex-basis 的简写形式，默认值为 0、1、auto。后两个属性可选。例如，将子元素 A 设为 flex: 2 1 500px，子元素 B 与子元素 C 设为 flex:1，保存代码查看效果。

6. align-self

align-self 属性允许子元素有与其他子元素不一样的对齐方式，可覆盖容器的 align-items 属性，默认值为 auto，表示继承父元素的 align-items 属性，如果没有父元素，则等同于 stretch。例如，可将子元素 B、子元素 C 的 css 样式增加 align-self: stretch 的属性设置。

子任务 8.2.4 手机 APP 页面制作

案例 8-2

手机 APP 页面制作

我们通过一个案例来巩固弹性盒布局属性。制作手机 APP 页面，运用手机模式查看效果，具体实现效果如图 8-5 所示。

图 8-5 手机 APP 页面制作

创建名为 index8-2.html 的网页，实现弹性盒布局图，代码如下：

```
<!DOCTYPE html>
<html>
<head>
    <meta charset="utf-8">
    <title>flex弹性盒布局</title>
    <style>
        * { margin: 0;      padding: 0;         }
        body {  background-color: #efefef;      }
    /* 布局 */
    .icon_box {
        box-sizing: border-box;
        width: 200px;
        height: 200px;
        display: flex;
        justify-content: center;
        align-items: center;
        flex-direction: column;
        flex-wrap: wrap;
    }
    .icon_image {
        box-sizing: border-box;
        width: 120px;
        height: 120px;
        /* background-color: #555; */
        box-sizing: border-box;
    }
    .icon_text {
        margin-top: 10px;
        font-size: 2.2rem;
    }
    /* 盒子 */
    .flex_box {
        width: 100%;
        box-sizing: border-box;
        display: flex;
        justify-content: space-around;
        padding-top: 2rem;
        background-color: #fff;
    }
    /* 底部 */
    .bottom {
        position: fixed;
        bottom: 0;
        left: 0;
        color: #555;
    }
    .top {
        background-color: #555;
        margin-bottom: 2rem;
        color: #fff;
    }
    /* 中间 */
    .center {
        flex-wrap: wrap;
```

```
    }
    </style>
      </head>
   <!-- 顶部 -->
    <ul class="flex_box top">
        <li class="icon_box">
            <div class="icon_image">
<img src="image/top01.png" style="width: 100%; height: 100%;">
            </div>
            <div class="icon_text" >扫一扫   </div>
        </li>
        <li class="icon_box">
            <div class="icon_image">
<img src="image/top02.png" style="width: 100%; height: 100%;">
 </div>
            <div class="icon_text"> 付款 </div>  </li>
          <li class="icon_box">
            <div class="icon_image">
<img src="image/top03.png" style="width: 100%; height: 100%;">
 </div>
            <div class="icon_text"> 卡券 </div> </li>
        <li class="icon_box">
            <div class="icon_image">
<img src="image/top04.png" style="width: 100%; height: 100%;"> </div>
            <div class="icon_text"> 余额     </div>
        </li>
    </ul>
    <!-- 中间 -->
    <ul class="flex_box center">
        <li class="icon_box">
            <div class="icon_image">
<img src="image/feiji.png" style="width: 100%; height: 100%;">
            </div>
            <div class="icon_text"> 飞机票   </div>
        </li>
        <li class="icon_box">
            <div class="icon_image">
<img src="image/fuwu.png" style="width: 100%; height: 100%;">
            </div>
            <div class="icon_text"> 服务窗   </div>
        </li>
        <li class="icon_box">
            <div class="icon_image">
<img src="image/tianmao.png" style="width: 100%; height: 100%;">
            </div>
            <div class="icon_text"> 天猫超市 </div>
        </li>
        <li class="icon_box">
            <div class="icon_image">
<img src="image/jizhangben.png" style="width: 100%; height: 100%;">
            </div>
            <div class="icon_text"> 记账本</div>
        </li>
        <li class="icon_box">
            <div class="icon_image">
```

```
<img src="image/gupiao.png" style="width: 100%; height: 100%;">
                </div>
                <div class="icon_text"> 股票 </div>
            </li>
            <li class="icon_box">
                <div class="icon_image">
<img src="image/kuaidi.png" style="width: 100%; height: 100%;">
                </div>
                <div class="icon_text"> 我的快递  </div>
            </li>
            <li class="icon_box">
                <div class="icon_image">
<img src="image/kefufill.png" style="width: 100%; height: 100%;">
                </div>
                <div class="icon_text"> 我的客服  </div>
            </li>
            <li class="icon_box">
                <div class="icon_image">
<img src="image/chengshi.png" style="width: 100%; height: 100%;">
                </div>
                <div class="icon_text"> 城市服务  </div>
            </li>
        </ul>
        <!-- 底部 -->
        <ul class="flex_box bottom">
            <li class="icon_box">
                <div class="icon_image">
<img src="image/bottom01.png" style="width: 100%; height: 100%;">
                </div>
                <div class="icon_text"> 支付宝   </div>
            </li>
            <li class="icon_box">
                <div class="icon_image">
<img src="image/bottomh02.png" style="width: 100%; height: 100%;">
                </div>
                <div class="icon_text"> 口碑 </div>
            </li><li class="icon_box">
                <div class="icon_image">
<img src="image/bottomh03.png" style="width: 100%; height: 100%;">
                </div>
                <div class="icon_text"> 朋友 </div>
            </li><li class="icon_box">
                <div class="icon_image">
<img src="image/bottomh04.png" style="width: 100%; height: 100%;">
                </div>
                <div class="icon_text"> 我的 </div>
            </li>
        </ul>
    </body>

    </html>
```

任务8.3 制作基于 Bootstrap 框架的响应式页面

任务描述：了解 Bootstrap 框架，学会使用 Bootstrap 框架中的容器概念、栅格系统参数与设备屏幕的对应、框架中的组件和公共样式的应用等。

子任务 8.3.1 Bootstrap 框架下载与快速部署

Bootstrap 下载与部署

Bootstrap 是目前较受欢迎的前端框架，可以满足响应式页面的开发需求，并且遵循移动优先的原则，它是基于 HTML、CSS、JavaScript 等前端技术实现的。Bootstrap 中预定了一套 CSS 样式和一套对应的 jQuery 代码，应用时只需提供固定的 HTML 结构，添加 Bootstrap 中提供的 class 名称，就可以完成指定效果的实现。

Bootstrap 官方网站地址：https://getbootstrap.com，网站上可下载到最新版本的 Bootstrap。以 Bootstrap 的 v4.3.1 版本为例，官网首页如图 8-6 所示。

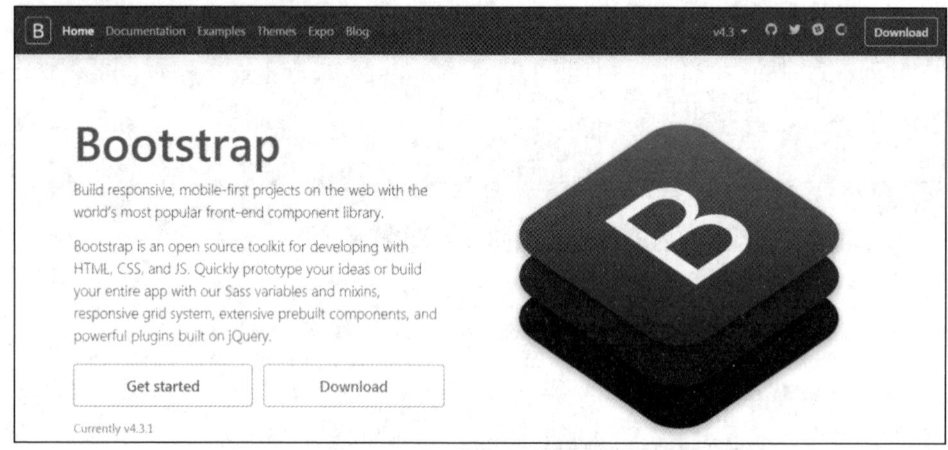

图 8-6 Bootstrap 官网首页

在官网首页，单击 Get started 按钮可跳转至技术开发手册，单击 Download 按钮可跳转至下载页面。建议读者跟着技术开发手册学习。

Bootstrap v4.3.1 需要四个文件支持，建议读者直接使用将 CDN 方式嵌入 MTL 文件的方式完成快速部署，无须下载，避免占用服务器资源，还能加快页面响应速度。

CDN 方式快速部署 Bootstrap v4.3.1 需要引入样式文件、脚本文件、视口和设置文件头部规范。

1. 引用 1 个 CSS 文件

将下面的<link>样式表复制到网页<head>中，并放在其他 CSS 文件之前。

```
<link rel="stylesheet" href="https://stackpath.bootstrapcdn.com/
bootstrap/4.3.1/css/bootstrap.min.css" integrity="sha384-ggOyR0iXCbMQv
3Xipma34MD+dH/1fQ784/j6cY/ iJTQUOhcWr7x9JvoRxT2MZw1T" crossorigin=
"anonymous">
```

2. 引用3个JavaScript文件

Bootstrap组件运行在jQuery组件上，包括Popper.js以及系统内置JavaScript插件，将以下代码按顺序放置在页面的</body>之前。

```
    <script src="https://code.jquery.com/jquery-3.3.1.slim.min.js"
integrity="sha384-q8i/X+965DzO0rT7abK41JStQIAqVgRVzpbzo5smXKp4YfRvH+8a
btTE1Pi6jizo" crossorigin="anonymous"></script>
    <script src="https://cdnjs.cloudflare.com/ajax/libs/popper.js/
1.14.7/umd/popper.min.js" integrity="sha384-UO2eT0CpHqdSJQ6hJty5KVpht
PhzWj9WO1clHTMGa3JDZwrnQq4sF86dIHNDz0W1" crossorigin="anonymous">
</script>
    <script src="https://stackpath.bootstrapcdn.com/bootstrap/4.3.1/
js/bootstrap.min.js" integrity="sha384-JjSmVgyd0p3pXB1rRibZUAYoIIy6Or
Q6VrjIEaFf/nJGzIxFDsf4x0xIM+B07jRM" crossorigin="anonymous"></script>
```

3. 引入视口

为了确保页面在所有屏幕大小不同的设备上的渲染和触摸效果，必须引入视口，并放置在<head>标签中。

```
    <meta name="viewport" content="width=device-width, initial-scale=1,
shrink-to-fit=no">
```

4. 设置文件头部规范

HTML5 文件的头部定义是非常关键的，而且为使网页支持中文，需将 lang 的值设成 zh-cn。

```
    <!doctype html>
    <html lang="zh-cn">
    …
    </html>
```

技术开发手册中提供了最精简的模板“Hello, World!”，包含了以上各方面，可直接复制并粘贴至本地HTML文件中使用。至此，Bootstrap v4.3.1（以下简称Bootstrap）安装完成。

子任务 8.3.2 掌握栅格系统

栅格系统用于通过放置在容器中的一系列行（row）与列（column）所组成的格子来创建网页布局，网页内容就放置在格子中，不仅可以让网页的信息呈现美感与易读，网页布局也更加灵活规范。

8.3.2.1 Bootstrap 框架中的 Container 容器

Container容器是Bootstrap框架的最基本元素，这是启用整个栅格系统必不可少的前置条件。容器中包含行（.row），行中包含列（.col）。Container包含两个样式，.container 样式设置一个响应式的、居中的容器；.container-fluid 样式设置一个宽度为100%的最大合法宽度的容器。

案例 8-3

创建网页index8-3.html，制作如图8-7所示效果图，代码如下：

Bootstrap 容器应用演示

```
<!doctype html>
<html lang="zh-cn">
  <head>
    <meta charset="utf-8">
    <meta name="viewport" content="width=device-width, initial-scale=1, shrink-to-fit=no">
    <link rel="stylesheet" href="https://stackpath.bootstrapcdn.com/bootstrap/4.3.1/css/bootstrap.min.css" integrity="sha384-ggOyR0iXCbMQv3Xipma34MD+dH/1fQ784/j6cY/iJTQUOhcWr7x9JvoRxT2MZw1T" crossorigin="anonymous">

    <title>container</title>
  </head>
  <body>
    <div class="container">
        <div class="row">
            <div class="col bg-success">第一列</div>
            <div class="col bg-primary">第二列</div>
        </div>
    </div>

    <script src="https://code.jquery.com/jquery-3.3.1.slim.min.js" integrity="sha384-q8i/X+965DzO0rT7abK41JStQIAqVgRVzpbzo5smXKp4YfRvH+8abtTE1Pi6jizo" crossorigin="anonymous"></script>
    <script src="https://cdnjs.cloudflare.com/ajax/libs/popper.js/1.14.7/umd/popper.min.js" integrity="sha384-UO2eT0CpHqdSJQ6hJty5KVphtPhzWj9WO1clHTMGa3JDZwrnQq4sF86dIHNDz0W1" crossorigin="anonymous"></script>
    <script src="https://stackpath.bootstrapcdn.com/bootstrap/4.3.1/js/bootstrap.min.js" integrity="sha384-JjSmVgyd0p3pXB1rRibZUAYoIIy6OrQ6VrjIEaFf/nJGzIxFDsf4x0xIM+B07jRM" crossorigin="anonymous"> </script>
  </body>
</html>
```

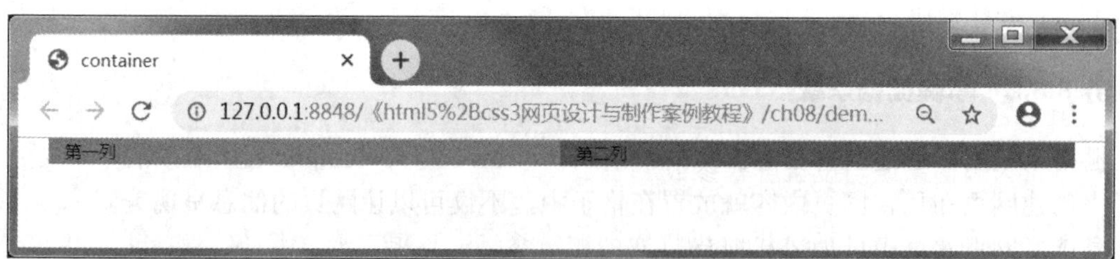

图 8-7 .container 样式效果

案例 8-4

创建网页 index8-4.html，制作如图 8-8 所示效果，代码如下：

```
<!doctype html>
<html lang="zh-cn">
  <head>
    <meta charset="utf-8">
    <meta name="viewport" content="width=device-width, initial-scale=1, shrink-to-fit=no">
    <link rel="stylesheet" href="https://stackpath.bootstrapcdn.com/
```

```
bootstrap/4.3.1/css/bootstrap.min.css" integrity="sha384-ggOyR0iXCbMQv3
Xipma34MD+dH/1fQ784/j6cY/iJTQUOhcWr7x9JvoRxT2MZw1T"
crossorigin="anonymous">

     <title>container</title>
    </head>
    <body>
     <div class="container-fluid">
        <div class="row">
           <div class="col bg-success">第一列</div>
           <div class="col bg-primary">第二列</div>
        </div>
     </div>

     <script src="https://code.jquery.com/jquery-3.3.1.slim.min.js"
integrity="sha384-q8i/X+965DzO0rT7abK41JStQIAqVgRVzpbzo5smXKp4YfRvH+8a
btTE1Pi6jizo" crossorigin="anonymous"></script>
     <script src="https://cdnjs.cloudflare.com/ajax/libs/popper.js/
1.14.7/umd/popper.min.js" integrity="sha384-UO2eT0CpHqdSJQ6hJty5KVpht
PhzWj9WO1clHTMGa3JDZwrnQq4sF86dIHNDz0W1" crossorigin="anonymous">
</script>
     <script src="https://stackpath.bootstrapcdn.com/bootstrap/4.3.1/
js/bootstrap.min.js" integrity="sha384-JjSmVgyd0p3pXB1rRibZUAYoIIy6OrQ
6VrjIEaFf/nJGzIxFDsf4x0xIM+B07jRM" crossorigin="anonymous"></script>
    </body>
   </html>
```

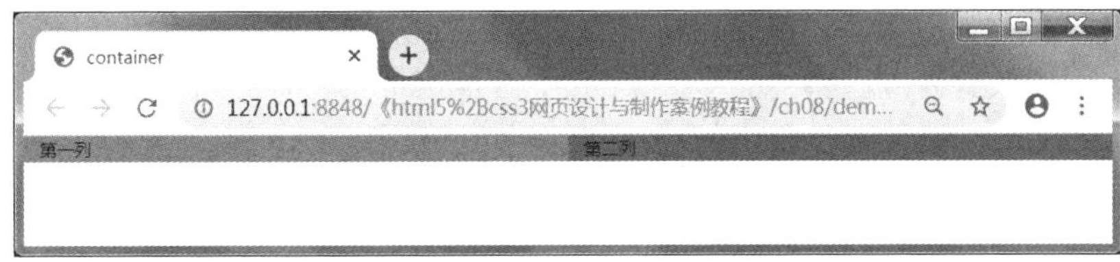

图 8-8　.container-fluid 样式效果

8.3.2.2　栅格系统与设备屏幕参数

Bootstrap 包含了一个强大的移动优先的栅格系统，它是一个基于 12 列的布局，有 5 种响应尺寸（对应不同的屏幕），完全基于 flex 弹性盒布局构建，并结合自己预定义的 CSS、JavaScript 类来创建各种形状和尺寸的布局。

Bootstrap 使用 ems 和 rems 定义大多数属性的规格，px 用于全局层面栅格断点和容器宽度，Bootstrap 栅格系统在各种屏幕和设备上的参数如表 8-6 所示。

表 8-6　栅格系统在各种屏幕和设备上的参数

参数	超小屏幕（<576px）	小屏幕（≥576px）	中等屏幕（≥768px）	大屏幕（≥992px）	超大屏幕（≥1200px）
.container 最大宽度	None（auto）	540px	720px	960px	1140px
类前缀	.col-	.col-sm-	.col-md-	.col-lg-	.col-xl-

续表

参数	超小屏幕（<576px）	小屏幕（≥576px）	中等屏幕（≥768px）	大屏幕（≥992px）	超大屏幕（≥1200px）
列数（column）	12				
列间隙	30px（每列两侧各占 15px）				

Bootstrap 栅格系统通过一系列包含内容的行和列来创建页面布局，其基本工作原理如下。

- 由 Container 类来进行网页布局。
- Container 中必须创建行（.row）。
- 网页内容必须放在列（.col）内，且只有列才是行的直接子元素。
- 每列都有水平的 padding 值，用于控制它们之间的距离。
- .col-sm-5 中的数字表示在小屏幕尺寸中此列要占用的列数是 5 列，每行最多 12 列。
- 如果只定义一个屏幕规格即可向上覆盖所有设备，向下如果没有定义则默认为 12 栅格。

案例 8-5

栅格系统演示

等宽布局案例，制作一行两列、一行三列的布局，从.col 到.col-xl 的所有设备上都是等宽并且占满一行，运行效果如图 8-9 所示。

创建网页 index8-5.html，在<body>标签内编写如下代码，其他代码请参考 index8-4.html。

```
<div class="container">
        <div class="row">
            <div class="col border">1 of 2</div>
            <div class="col border">2 of 2</div>
        </div>
        <div class="row">
            div class="col border">1 of 3</div>
            <div class="col border">2 of 3</div>
            <div class="col border">3 of 3</div>
        </div>
</div>
```

其中，.border 类表示为元素设置边框；.col 类表示适应所有屏幕大小；.col 类不带数字表示等分列，也就是说一行中有两列则每列占 6 列栅格，一行中有三列则每列占 4 列栅格。

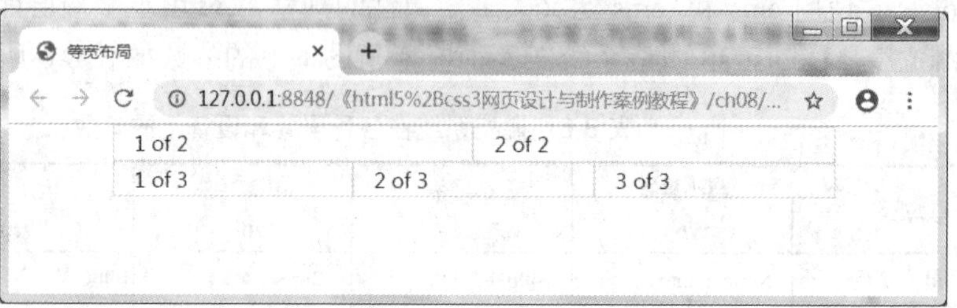

图 8-9　等宽布局效果

案例 8-6

创建名为index8-6.html的网页，在不同屏幕下指定不同宽度，在<body>标签内编写如下代码，其他代码请参考index8-4.html。

```
<div class="container">
        <div class="row">
            <div class="col-md-3 col-xl-2 border">1 of 3</div>
            <div class="col-md-7 col-xl-4 border">2 of 3</div>
            <div class="col-md-2 col-xl-6 border">3 of 3</div>
        </div>
</div>
```

其中，.col-md-3表示在中等屏幕时，该列占用3列栅格；.col-xl-2表示在超大屏幕时，该列占用2列栅格。由于屏幕规格是向上覆盖的，所以大屏幕时也按照中等屏幕的方式进行布局。中等屏幕以下若没有指定其他屏幕尺寸，则按照默认每列占满12栅格的方式布局，如果在所有列的类前加上.col，则中等屏幕以下尺寸按照等宽布局的方式进行布局。

子任务 8.3.3　应用组件制作导航栏和图片轮播

组件是Bootstrap中已经封装好的一组功能块，以实现具体的功能，如导航栏和轮播图，用户只需要替换相应的网页内容即可使用。公用样式则是在整个Bootstrap系统中已经定义好的类，可以被全局调用，用户只需要引用类名即可实现具体效果，如颜色类。

8.3.3.1　导航栏制作

导航栏是网页中非常重要的基础组件。Bootstrap提供了响应式导航条的样例，在小屏幕上水平导航栏会切换为垂直，其所需的样式如下。

- .navbar类创建一个标准的导航栏。
- .navbar-expand-xl|lg|md|sm类创建响应式的导航栏（大屏幕水平铺开、小屏幕垂直堆叠）。
- .navbar-brand用于定义公司或产品的品牌图标。
- 导航栏上使用<ul>元素并添加.navbar-nav类来定义导航栏上的选项。
- 在每个<li>元素上添加.nav-item类，在<a>元素上使用.nav-link类。
- 创建折叠导航栏，在按钮上添加.navbar-toggler，增加data-toggle='collapse'、data-target='#thetarget'属性。在设置了.collapse navbar-collapse类的div上包裹导航内容（ul），使div元素上的id匹配按钮.data-target上的指定id。

案例 8-7

创建名为index8-7.html的网页，制作导航，代码如下：

导航栏制作

```
<nav class="navbar navbar-expand-lg bg-dark navbar-dark">
    <a class='navbar-brand' href='#'>公司LOGO</a>
        <button type='button' class='navbar-toggler' data-toggle=
'collapse' data-target='#target'>
            <span class='navbar-toggler-icon'></span>
```

```
            </button>
            <div class="collapse navbar-collapse" id='target'>
                <ul class='navbar-nav'>
                    <li class="nav-item"><a href='#' class='nav-link'>
导航1</a></li>
                    <li class="nav-item"><a href='#' class='nav-link'>
导航2</a></li>
                </ul>
            </div>
        </nav>
```

在不同屏幕运行，效果如图 8-10 和图 8-11 所示。

图 8-10　导航栏在大屏幕以下尺寸时效果

图 8-11　导航栏在大屏幕以上尺寸时效果

8.3.3.2　轮播效果制作

轮播图类似一个循环播放的幻灯片，使用了 CSS 的 3D 变形转换和 JavaScript 制作。轮播图中所使用的类说明如表 8-7 所示。

表 8-7　图片轮播类说明

类	描述
.carousel	创建一个轮播
.carousel-indicators	为轮播添加一个指示符，就是轮播图底下的一个个小点，轮播的过程可以显示目前是第几张图
.carousel-inner	添加切换的图片
.carousel-item	指定每个图片的内容
.carousel-control-prev	添加左侧按钮，单击会返回上一张
.carousel-control-next	添加右侧按钮，单击会切换到下一张
.carousel-control-prev-icon	与.carousel-control-prev 一起使用，设置左侧按钮
.carousel-control-next-icon	与.carousel-control-next 一起使用，设置右侧按钮

案例 8-8

轮播图效果制作

创建名为 index8-8.html 的网页，制作图片轮播，代码如下：

```
<div id="demo" class="carousel slide" data-ride="carousel">

  <!-- 指示符 -->
  <ul class="carousel-indicators">
    <li data-target="#demo" data-slide-to="0" class="active"></li>
    <li data-target="#demo" data-slide-to="1"></li>
    <li data-target="#demo" data-slide-to="2"></li>
  </ul>

  <!-- 轮播图片 -->
  <div class="carousel-inner">
    <div class="carousel-item active">
      <img src="http://code.z01.com/img/2016instbg_01.jpg">
    </div>
    <div class="carousel-item">
      <img src="http://code.z01.com/img/2016instbg_02.jpg">
    </div>
    <div class="carousel-item">
      <img src="http://code.z01.com/img/2016instbg_03.jpg">
    </div>
  </div>

  <!-- 左右切换按钮 -->
  <a class="carousel-control-prev" href="#demo" data-slide="prev">
    <span class="carousel-control-prev-icon"></span>
  </a>
  <a class="carousel-control-next" href="#demo" data-slide="next">
    <span class="carousel-control-next-icon"></span>
  </a>

</div>
```

8.3.3.3　了解弹性盒布局

Bootstrap v4 与 Bootstrap v3 的最大区别之一是：Bootstrap v4 使用了弹性盒 flex 布局方式，而 Bootstrap v3 使用的是 float 浮动布局方式。在 Bootstrap v4 中如果需要使用 flex，可以通过一整套灵活的类来管理，具体如下。

- .d-flex、.d-lg-flex 等，表示启用栅格布局。
- .flex-row、.flex-column、.flex-row-reverse 等设置弹性盒子元素的排列方式。
- .justify-content-start、.justify-content-center 等设置子元素在主轴的对齐位置。
- .align-items-start、.align-items-stretch 等设置子元素在垂直轴方向的对齐位置。

8.3.3.4　了解颜色类模块

Bootstrap 中提供了很多可供全局使用的公共样式，其中颜色类是比较频繁使用的一种。Bootstrap 定义的文字颜色类，目的在于通过颜色传达意义，表达不同的模块。这些颜色类包括.text-primary、.text-secondary、.text-success、.text-danger、

.text-warning、.text-info、.text-light .text-dark、.text-body、.text-muted、.text-white、.text-black-50 和.text-white-50。

案例 8-9

颜色类样式应用

创建名为 index8-9.html 的网页，设置颜色应用，代码如下：

```
<div class="container">
      <h2>代表指定意义的文本颜色</h2>
      <p class="text-primary">.text-primary</p>
      <p class="text-secondary">.text-secondary</p>
      <p class="text-success">.text-success</p>
      <p class="text-danger">.text-danger</p>
      <p class="text-warning">.text-warning</p>
      <p class="text-info">.text-info</p>
      <p class="text-light bg-dark">.text-light</p>
      <p class="text-dark">.text-dark</p>
      <p class="text-body">.text-body</p>
      <p class="text-muted">.text-muted</p>
      <p class="text-white bg-dark">.text-white</p>
      <p class="text-black-50">.text-black-50</p>
      <p class="text-white-50 bg-dark">.text-white-50</p>
</div>
```

同时，Bootstrap 也提供了背景颜色类，背景颜色类与 text 文字类颜色定义相同，包括.bg-primary、.bg-secondary、.bg-success、.bg-danger、.bg-warning、.bg-info、.bg-light、.bg-dark、.bg-white、.bg-transparent。

案例 8-10

创建名为 index8-10.html 的网页，设置背景颜色应用，代码如下：

```
<div class="container">
      <div class="p-3 mb-2 bg-primary text-white">.bg-primary </div>
      <div class="p-3 mb-2 bg-secondary text-white">.bg-secondary </div>
      <div class="p-3 mb-2 bg-success text-white">.bg-success </div>
      <div class="p-3 mb-2 bg-danger text-white">.bg-danger</div>
      <div class="p-3 mb-2 bg-warning text-dark">.bg-warning </div>
      <div class="p-3 mb-2 bg-info text-white">.bg-info</div>
      <div class="p-3 mb-2 bg-light text-dark">.bg-light</div>
      <div class="p-3 mb-2 bg-dark text-white">.bg-dark</div>
      <div class="p-3 mb-2 bg-white text-dark">.bg-white</div>
      <div class="p-3 mb-2 bg-transparent text-dark">.bg-transparent </div>
</div>
```

任务8.4 Bootstrap 响应式布局页面设计案例

任务描述：运用 Bootstrap 框架完成一个响应式页面的制作，使得在不同屏幕下有不同的显示效果。

案例 8-11

运用 Bootstrap 框架，制作“乡村的色彩”的响应式布局页面，大屏幕与中等屏幕以下尺寸的效果不同，具体如图 8-12 和图 8-13 所示。整个页面分为头部、导航条和轮播图三部分。

Bootstrap 响应式页面制作

图 8-12　大屏幕尺寸效果

图 8-13　中等屏幕以下尺寸效果

创建名为 index8-11.html 的网页，编写如下代码。

```
<!------------------ 头部-begin --------------------->
    <header id="sg_header">
        <div class="topBar d-none d-sm-none d-lg-block text-muted
text-center">
            <div class="container">
```

```
            <div class="row">
                <div class="col-md-2">
                    <span>收藏本站</span>
                </div>
                <div class="col-md-5">
                    <span>188-8888-8888（服务时间：9:00-21:00）</span>
                </div>
                <div class="col-md-5">
                    <a class="btn btn-primary btn-sm" href="#">我要投
稿</a>
                    <a href="#" class="ml-2 text-muted">热门推荐</a>
                </div>
            </div>
        </div>
    </div>
</header>
<!------------------ 导航条-begin --------------------->
<nav class="navbar navbar-expand-lg navbar-light">
    <div class="container">
        <a class="navbar-brand mr-5 d-flex justify-content-center
align-items-center" href="#">
            <img src="./img/logo_fengshou.jpg">
        </a>
        <button class="navbar-toggler" type="button" data-toggle=
"collapse" data-target="#navbarSupportedContent" aria-controls=
"navbar SupportedContent" aria-expanded="false" aria-label="Toggle
navigation">
            <span class="navbar-toggler-icon"></span>
        </button>

        <div class="collapse navbar-collapse" id="navbarSupported
Content">
            <ul class="navbar-nav mr-auto">
                <li class="nav-item active">
                    <a class="nav-link" href="#">首页 <span class="sr-
only">(current)</span></a>
                </li>
                <li class="nav-item">
                    <a class="nav-link" href="#">乡村色彩</a>
                </li>
                <li class="nav-item dropdown">
                    <a class="nav-link dropdown-toggle" href="#"
id="navbarDropdown" role="button" data-toggle="dropdown" aria-haspopup=
"true" aria-expanded="false">田园诗词</a>
                <div class="dropdown-menu" aria-labelledby=
"navbar Dropdown">
                   <a class="dropdown-item" href="#">沁园春-辛弃疾</a>
```

```
                <div class="dropdown-divider"></div>
                <a class="dropdown-item" href="#">咏红柿子-刘禹锡</a>
                <div class="dropdown-divider"></div>
                <a class="dropdown-item" href="#">秋日田园杂兴-范成大
</a>
              </div>
            </li>
            <li class="nav-item">
              <a class="nav-link" href="#">登录</a>
            </li>
            <li class="nav-item">
              <a class="nav-link" href="#">注册</a>
            </li>
          </ul>
        </div>
      </div>
    </nav>
    <!------------------- 轮播图-begin -------------------->
    <section id="sg_carousel">
        <div id="carouselExampleIndicators" class="carousel slide"
data-ride="carousel">
          <ol class="carousel-indicators">
            <li data-target="#carouselExampleIndicators" data-slide-
to="0" class="active"></li>
            <li data-target="#carouselExampleIndicators" data-slide-
to="1"></li>
            <li data-target="#carouselExampleIndicators" data-slide-
to="2"></li>
          </ol>
          <div class="carousel-inner">
            <div class="carousel-item active">
              <img src="./img/fengshou1.jpg" class="d-block w-100"
alt="...">
            </div>
            <div class="carousel-item">
              <img src="./img/fengshou2.jpg " class="d-block w-100"
alt="...">
            </div>
            <div class="carousel-item">
              <img src="./img/fengshou3.jpg " class="d-block w-100"
alt="...">
            </div>
          </div>
          <a class="carousel-control-prev" href="#carouselExampleIn
dicators" role="button" data-slide="prev">
            <span class="carousel-control-prev-icon" aria-hidden="true">
</span>
            <span class="sr-only">Previous</span>
```

```
            </a>
            <a class="carousel-control-next" href="#carouselExampleIn
dicators" role="button" data-slide="next">
              <span class="carousel-control-next-icon" aria-hidden="true">
</span>
              <span class="sr-only">Next</span>
            </a>
          </div>
      </section>
```

上机实训

1. 参考案例 index8-2，并利用视口与弹性盒布局技术，结合字体图标，制作淘宝手机端页面。

说明：字体图标是一种特殊的字体，它使用微小图像而不是字母形式的字体，通过这种字体呈现给用户的就像一张图片，最大的优点在于不会变形和加载速度快，可以像文字一样随意通过 CSS 来控制大小和颜色，对于建网站来说，非常方便。

制作步骤如下。

步骤 1：打开网站 https://www.iconfont.cn/ ，找到所需字体图标。

步骤 2：将所需字体图标加入购物车。

步骤 3：在购物车中选择“下载代码”。

步骤 4：打开下载文件夹中的 html 文件，根据文件中提供的方法，在页面中插入字体图标。

2. 参考案例 8-11，制作一个有导航条、轮播图的响应式网页。

混合式教学附录

案例 8-11 任务分工表

任务	创建“中国诗歌网”响应式页面
任务 1	下载 Bootstrap 响应式框架
任务 2	在页面中配置视口与 Bootstrap 框架（分别运用 CDN 与本地文件两种方式）
任务 3	参考网页运行效果图，制作响应式页面头部
任务 4	参考网页运行效果图，制作页面导航条
任务 5	参考网页运行效果图，制作页面轮播图效果
任务 6	参考网页运行效果，完善网页并运行

其他案例可参考案例 8-11 的任务分工进行分组练习。

交流讨论

1. 说说视口的工作原理。
2. 查找关于“媒体查询”的概念，理解它的作用。
3. 论述栅格系统的工作原理。
4. 讨论 Bootstrap 框架中为何使用 ems 或者 rems 来作为大多数属性的规格？它与 px 的区别是什么？
5. 分析响应式网站 http://www.ghostchina.com/的构成。
6. 你觉得本单元学习的重点和难点是什么？

单元测试

1. 下列关于 flex 的说法中正确的是（　　）。
   A. flex 属性用于指定弹性子元素如何分配空间
   B. flex:1 应该写在弹性元素上
   C. 设置 flex:1 无意义
   D. flex 是指设置固定定位
2. 下列选项中，属于弹性盒子元素属性的是（　　）。
   A. flex-flow　　B. justify-content　　C. flex　　D. align-self
3. Bootstrap 中描述响应式的、居中的容器类名为（　　）。
   A. d-flex　　B. container　　C. container-fluid　　D. btn-primary
4. 正确实现弹性盒布局的语句是（　　）。
   A. display:flex　　B. display:block
   C. display:inline-block　　D. float:left
5. 实现弹性布局不换行效果的 css 语句正确的是（　　）。
   A. flex:1　　B. white-space:nowrap
   C. flex-wrap:nowrap　　D. flex-wrap:wrap-reverse
6. Bootstrap 插件依赖（　　）开发的？

A. JavaScript　B. JQuery　C. Angular JS　D. Node JS

7. 栅格系统小屏幕使用的类前缀是（　　）。

A. .col-xs-　B. .col-sm-　C. .col-md-　D. .col-lg-

8. 要实现在超小屏幕和小屏幕显示两列，在中屏幕和大屏幕显示三列的效果，正确的 css 写法是（　　）。

A. col-sm-6 col-md-4 col-sm-6 col-md-4 col-sm-6 col-md-4

B. col-sm-6 col-lg-4 col-sm-6 col-lg-4 col-sm-6 col-lg-4

C. col-xs-6 col-lg-4 col-xs-6 col-lg-4 col-xs-6 col-lg-4

D. col-xs-6 col-md-4 col-xs-6 col-md-4 col-xs-6 col-md-4

9. 下面可以实现列偏移的类是（　　）。

A. .col-md-offset-*　B. .col-md-push-*

C. .col-md-pull-*　D. .col-md-move-*

10. 怎样修改轮播图的页面切换的时间间隔（　　）。

A. data-interval　B. data-pause

C. data-wrap　D. data-time

11. 下列哪些是辅助类（　　）。

A. .text-muted　B. text-primary　C. text-info　D. text-danger

12. 在 Bootstrap 中，关于 flex-direction 属性值错误的是（　　）。

A. col　B. row　C. row-reverse　D. column-reverse

13. 在 Bootstrap 中，关于 justify-content 属性值错误的是（　　）。

A. flex-start　B. flex-end　C. middle　D. space-between

14. 在 Bootstrap 中，以下的（　　）不是文本对齐的方式。

A. text-left　B. text-middle　C. text-right　D. text-justify

15. 在 Bootstrap 中，下列（　　）类不属于 button 的预定义样式。

A. btn-success　B. btn-warp　C. btn-info　D. btn-link

16. 在 Bootstrap 中，以下哪个类可以设置圆角边框（　　）。

A. rounded　B. rounded-top　C. round　D. rounded-0

17. 在 Bootstrap 中，以下哪个类可以清除浮动（　　）。

A. clearFix　B. clearfloat　C. clear　D. clearfix

学习自评与互评

序号	评价内容	重要性	个人自评	同学互评	教师评价
1	视口的概念及原理	★★★★☆			
2	弹性盒子的应用	★★★★★			
3	Bootstarp 的应用	★★★★★			
4	小组任务表现	★★★☆			
5	交流互动表现	★★★			
6	上机实训任务	★★★★			
7	单元测试	★★★☆			

项目 9

Photoshop 网页界面设计

知识目标

1. 了解网页的配色、图片格式等
2. 了解 Photoshop 基本工具的使用
3. 学会使用 Photoshop 制作网页图片素材，并对图片进行加工处理
4. 学会使用 Photoshop 进行网页的整体版面的制作

能力目标

1. 能够使用 Photoshop 进行图片修饰
2. 能够使用 Photoshop 制作网页图片素材
3. 能够使用 Photoshop 进行整体版面的制作

思政目标

提高网页和色彩审美，提升人文素养

任务9.1 了解网页界面设计

任务描述：了解网页常规的配色方案，了解文字效果和图片在网页中的作用，了解网页中常用图片的格式和类型。

在网页设计和制作中合理使用图片不但能够使网页在视觉表现上更加优秀，更好地吸引用户的眼球，同时，也能使网页中各个板块界限清晰，重点分明，提升网页表现力。随着网络状况的不断优化，网速的不断提升，高质量的图片得以在网络中顺畅传输。在网页设计中，更科学合理地使用图片，强化网页视觉冲击力，已成为提升网站竞争力的重要途径和手段。

Photoshop 是 Adobe 公司出品的应用广泛的图像处理软件，广泛应用于平面设计、广告、出版和视频等行业和领域。图像编辑、图像合成、校色调色及特效制作是 Photoshop 最主要和最常用的三个功能。随着网络的普及，网页设计中大量的图片处理需求使 Photoshop 成为网页设计者的共同选择。

子任务 9.1.1 了解网页界面设计配色

网页界面的设计一般包括对色彩、文字、图案及版面布局等的设计。

1. 网页的色彩的对比

不同色彩之间的对比会有不同的效果，色彩的对比会受多方面因素的影响，主要因素如下。

- 色相：用湖蓝色与深蓝色对比时，会发现深蓝色带点紫色，而湖蓝色则有点绿色；各种纯色的对比会产生鲜明的色彩效果，很容易给人带来视觉与心理上的满足。
- 色彩的大小：色彩面积的大小也会影响色彩的对比效果，如果两种色彩面积大小相同，那么这两种颜色之间的对比十分强烈。但是当两种色彩面积变得不一样时，面积小的颜色就会成为面积大的颜色的补充。色彩明亮的小面积色彩会突出特别的效果。
- 形状：在不同的形状上面，同一种色彩也会有不同的效果，不同的形状会使同一种色彩产生不同的效果。
- 位置：色彩所处的位置不同也会造成色彩对比效果的不同。

2. 网页配色的常用规律

网页配色的常用规律如下。

1）网页一般采用最简单的颜色，例如，使用白色/浅灰色与深灰色的搭配作为文字背景是大多数网站的选择。

2）选择一种颜色突出显示，选择与基调颜色相关的高亮颜色，给高亮色增加变化。

3）使用对比色，如蓝色和黄色使整个页面色彩丰富但不花哨。

4）尽量控制在三种色彩以内。

5）背景和前文的对比尽量要大，绝对不要用花纹复杂的图案作背景，以便突出主要文字内容。

6）可以把蓝色定为安全色，如果对高亮色的选择有疑惑的话，不妨使用蓝色。蓝色是一种弹性比较大的颜色，可以和很多种颜色搭配。

子任务 9.1.2 了解网页中的文字

除了良好的配色方案，能够完美并适当表达网页的就是文字。文字在网页中占据着重要的地位，文字的设计直接影响网页的美观。网页字体设计遵循下面几个原则。

1）文字与背景色相搭配，选择一个舒服安全的文字颜色范围。

2）文字的设计要服从作品的风格特征。文字的设计不能和整个作品的风格特征相脱离，更不能相冲突。

3）在一个页面中使用过多的字体看起来会很混乱，建议一个页面结构中最多出现三种字体。一种用作标题，一种用作正文，另外一种用作按钮和小标题。

子任务 9.1.3 了解网页中常用的图片格式

9.1.3.1 网页对图片的要求

文字和图片是组成网页最重要的两个元素，大多数页面版面的 80%以上是文字和图片。

在网页中正确使用图片能让网页增色不少，网页中使用图片应注意以下几点。

1）网页中的图片要尽可能小，以提升网页的加载速度。

2）网页图像清晰，色调和谐，在网页中使用图片，首先需要保证图片的清晰度，在此前提下才是控制图片大小，这样才能从根本上保证网页的质量。

3）合理使用动画图片，在网页的重要位置适量加入动画元素能吸引浏览者注意，起到画龙点睛的作用，但过多地使用动画会让浏览者产生眼花缭乱的感觉，反而不能很好地突出网页的重点。因此，除了特别需要强调的地方外，应尽量少使用动画。

9.1.3.2 网页中常用的图片格式

1. GIF（graphics interchange format）格式

GIF 格式是网络上十分流行的图像文件格式之一，是一种无损压缩格式，其压缩率在 50%左右，支持 256 色输出显示。

GIF 格式图片存有一个字节的透明色索引，图中每个像素都能以“透明”和“不透明”的方式显示。

支持动画是GIF格式图像最突出的特点，网页上常用的动画图片一般都为GIF格式。这种格式的图片支持动画帧，是通过将多张图片置于不同的帧中进行轮换显示，实现动画效果。GIF 动画图片体积较小，非常适合网络传输，因此在网站建设中应用十分广泛。

2. JPEG（joint photographic experts group）格式

JPEG 格式是最常见的图片格式之一，等同于 JPG 格式，常用于照片、宣传图片、扫描图片，是一种有损压缩的图片格式。压缩会使图片失真，图片的大小和图片的质量成正比，压缩率可达 100∶1。实际应用中，JPEG 格式图片在质量和图片大小的取舍上，须根据实际需求进行取舍权衡。JPEG 不支持动画，不支持透明处理。

在网页设计中，常常将网页效果图保存为 JPEG 格式，这是由于 JPEG 格式图片在不同平台上都能得到很好的支持。在网页中显示质量要求较高的照片等时也常选用 JPEG 格式的图片。

3. PNG（portable network graphic format）格式

PNG 是一种无损压缩的位图图形格式，是网页制作中最常用的图片格式，体积小、图像清晰，具有高质量的透明处理效果，已渐渐成为网站前端设计者的首选。PNG 包括 PNG-8 和真彩色（PNG-24 或 PNG-32），同等大小的 PNG-8 图片比 GIF 图片质量更佳。

PNG 格式支持图片的 Alpha 透明（透明、半透明、完全透明），而 GIF 格式只支持完全“透明”和完全“不透明”。需要注意的是，在 IE6 下，PNG 图片的透明部分会显示为灰色。

任务9.2 了解 Photoshop

任务描述：了解 Photoshop 的操作界面，了解 Photoshop 工具栏的分类及各类工具的使用，了解 Photoshop 设计中图层的概述。

Photoshop 是 Adobe 公司出品的应用广泛的图像处理软件，广泛应用于平面设计、广告、出版和视频等行业和领域。图像编辑、图像合成、校色调色及特效制作是 Photoshop 最主要和最常用的 3 个功能。随着网络的普及，网页设计中大量的图片处理需求使 Photoshop 成为网页设计者的共同选择。

子任务 9.2.1 了解 Photoshop 操作界面

安装完 Photoshop 后，双击 Photoshop 图标，启动程序，进入程序默认界面，默认界面有标题栏、菜单栏和选项栏等。Photoshop CS6 的操作界面如图 9-1 所示。

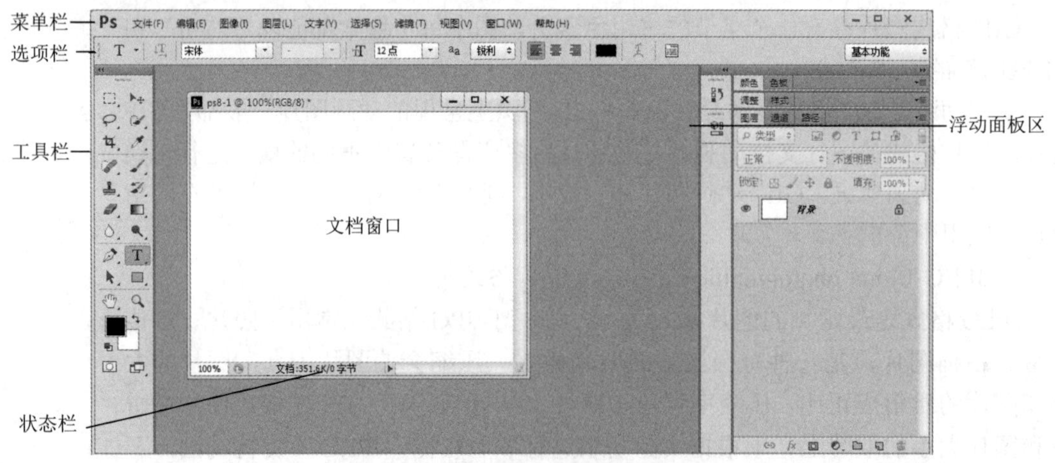

图 9-1 Photoshop CS6 窗口界面

- 菜单栏：根据不同的图像处理功能，Photoshop 将各类功能分别放入“文件”“编辑”“图层”等 10 个菜单中，所有的图像处理功能都可以通过菜单栏中的相应选项实现。
- 工具栏：工具栏位于窗口最左端，竖向排列着包含“移动工具”和“钢笔工具”在内的 50 多种工具，用户可以根据情况设置为一栏排列或多栏排列，工具箱可移动。
- 文档窗口：文档窗口中显示用户当前打开的文档，在文档窗口的标题栏中，显示文档的名称、模式和缩放比例。

- 浮动面板区：为方便用户使用，浮动面板区中排列着各类常用面板，用户可以按喜好对面板进行展开、收拢和关闭操作，要打开新的面板，可在“窗口”菜单下选择相应的面板。
- 状态栏：位于文档窗口下端，用于显示文件的大小、当前视图的缩放比例等信息。
- 选项栏：用于设置 Photoshop 工具箱中各种工具的参数，选项栏中的选项随着当前选择的工具而变化。

在“编辑”菜单中选择“首选项”→“界面”命令，可重新设置窗口外观颜色等，如图 9-2 所示。

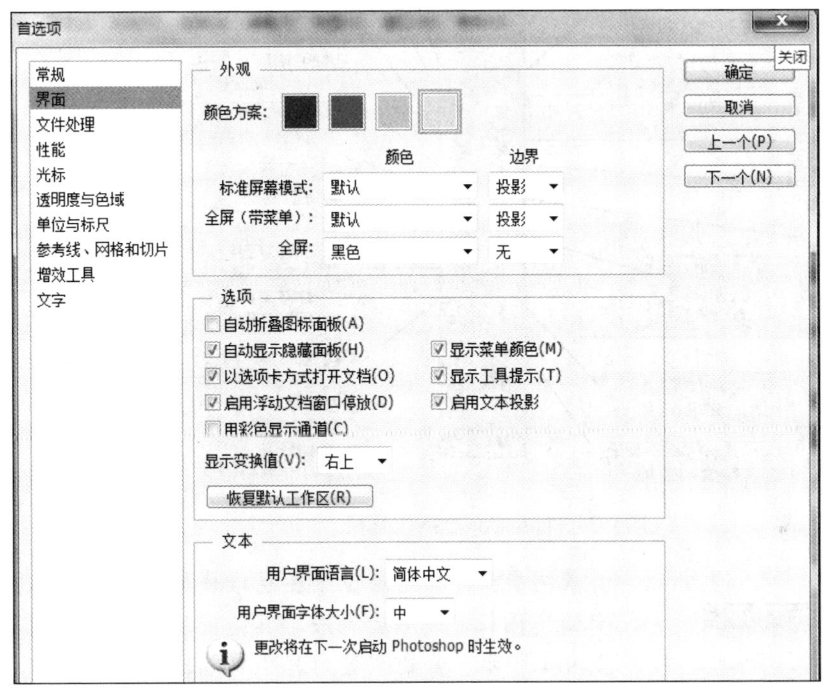

图 9-2　“首选项”对话框

子任务 9.2.2　了解 Photoshop 工具栏

Photoshop 工具栏中包含了几十种常用工具，熟练使用各种工具是用 Photoshop 进行创作的基础。工具箱中的图标都带有一定的指向性，通过图标就可以简单辨别该工具的功能。其中，在工具图标右下角处带有下三角标志的为工具组，右击该工具按钮，可展开按钮组，选择相应工具。各工具及工具组状况如图 9-3 所示。

子任务 9.2.3　了解图层概念

图层是 Photoshop 中的重要概念，是 Photoshop 的精髓之一。在设计创造中，不可避免地需要使用到图层，把不同图像放入不同图层，再遵循一定的前后顺序排列图层，最终形成设计作品，这样的方式便于设计者对作品进行必要的改动，便于对图像进行管理。

9.2.3.1 了解图层的类型

Photoshop 中的图层种类大致可分为六大类，分别是背景图层、普通图层、调整图层、填充图层、文字图层和形状图层。

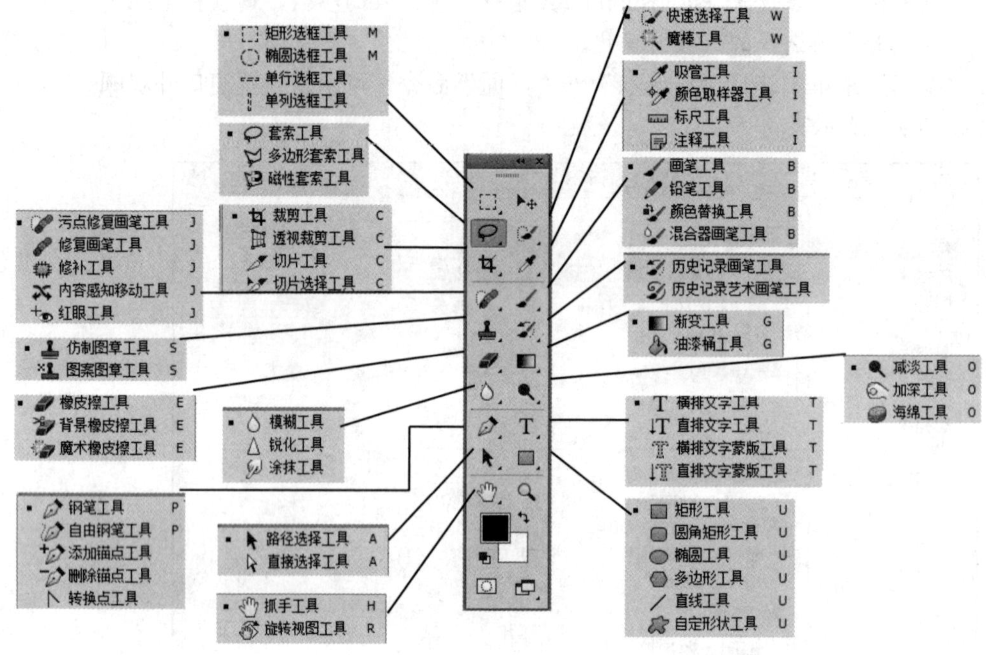

图 9-3 Photoshop CS6 工具栏

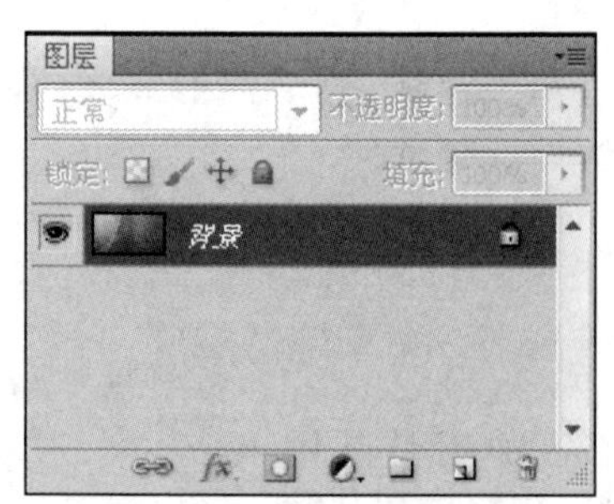

图 9-4 背景图层

- 背景图层：背景图层位于图层堆栈最下方，在图层右侧有锁定图标，该图层无法与其他图层交换堆叠顺序，如图 9-4 所示。背景图层内容不可编辑，如需编辑，可双击图层，在弹出的对话框中将背景图层转换为普通图层再进行编辑。
- 普通图层：在“图层”面板中单击添加图层按钮，可添加一个普通图层。普通图层上可进行任何操作。
- 调整图层：在“图层”面板中单击下方的按钮创建新的填充或调整图层，调整图层用于对图像试用颜色或色调进行调整而不会修改图层的像素。
- 填充图层：填充图层用于对指定选区进行色彩或图案填充，与调整图层一样，通过面板下方的按钮创建。
- 文字图层：在工具栏中用文字工具在图像中创建文字时会自动创建文字图层，文字图层中包含文字信息，双击可进行编辑。
- 形状图层：形状图层是带有图层剪贴路径的填充层，图层的左侧为填充层的缩略图，右侧为剪贴路径的缩略图。

9.2.3.2 掌握图层的基本操作

1）显示和隐藏图层：单击图层左侧按钮，可实现显示和隐藏图层。眼睛图标可见时，该图层为显示状态，图标消失时该图层为隐藏状态。

2）移动图层：在 Photoshop 图层中，图层堆栈越上方的图层在画布中显示得越靠前，为调整图层的显示顺序，常需要调整图层在堆栈中的位置。移动图层位置可以通过“图层”→“排列”菜单下的各命令进行，也可在“图层”面板中按住鼠标右键直接拖动图层到需要的位置。

3）复制图层：复制图层是对图层的基本操作之一，可以直接将需要复制的图层拖动到“图层”面板下方的新建图层按钮处完成复制操作，如图 9-5 所示。也可选中需要复制的图层，右击，在弹出的快捷菜单中选择“复制图层”命令，设定好参数后单击确认完成复制。

图 9-5 拖动复制图层

4）对齐和分布图层：通过“图层”菜单下的“对齐”和“分布”级联菜单对选中图层中的图像进行对齐和分布操作。这样的对齐和分布方式比手动调整的结果精确得多，在网页设计中，对齐和分布命令会经常用到。

9.2.3.3 管理图层

在网页设计中，即使一个看似简单的网页设计源文件，也许包含着几十甚至上百个图层，图层能帮助用户很好地管理网页元素，将图层合理分类并标示，能有效提高工作效率。

- 为图层命名：为每一个新创建的图层取一个与其内容相符的名字，可以是中文字符也可以是英文字符，为图层改名只需在图层名字处双击鼠标，输入新的图层名，也可以选中图层，右击，在弹出的快捷菜单中选择“重命名”命令。
- 创建图层文件夹：一个网页设计作品，可能包含着上百个图层，根据图层在网页中的位置和作用将图层放入相应文件夹中，并为文件夹命名。例如，名为“Nav”的文件夹下包含着组成导航栏的所有图层。单击“图层”面板下的按钮即可创建一个新的图层文件夹。
- 链接图层：很多时候，用户需要对多个图层进行相同的操作，如同时移动多个图层中图像的位置，这时，只需为需要操作的图层添加链接，便可轻松完成操作。选中需要链接操作的图层，按住 Ctrl 键，可实现对图层的多选，单击“图层”面板下的链接图层按钮即可为图层添加链接。
- 设置图层颜色：除了更改图层名以区分图层外，在“图层”面板中为图层设置不同的显示颜色也可以起到标识图层的作用。选中图层，右击，在弹出的快捷菜单中选择“图层属性”命令，在“图层属性”对话框中为该图层选择一个区别于其他图层的颜色，如图 9-6 所示。单击“确定”按钮后，该图层左侧的图层可见性指示框变为相应颜色。

图 9-6 “图层属性”对话框

- 锁定图层：为避免操作完成后的图层被错误操作，可将图层锁定，选中图层，单击“图层”面板上方的锁定按钮可实现图层的锁定，再次单击锁定按钮即可解除锁定。

任务9.3 网页图片元素的制作

任务描述：使用 Photoshop 绘制线条、制作按钮、制作渐变背景的导航图片、制作特效文字和修改合成图片素材等。

子任务 9.3.1 线条绘制

在网页中常使用线来分隔版面或导航条，线条是最常用的图形元素之一。在 Photoshop 中画线是使用画笔工具或铅笔工具来实现的。

案例 9-1

使用 Photoshop 画线及制作导航分隔线

本案例通过画笔工具完成直线、虚线和凹凸间隔线的绘制，操作步骤如下。

01 新建文件。打开 Photoshop，选择“文件”→“新建”命令，设置画布大小为 400 像素×300 像素，背景为白色，如图 9-7 所示，文件存储为 ps9-1.psd。

02 画直线。在工具栏中选择前景色背景色工具，设置前景色，如设为蓝色#4c5beb，该前景色即为画笔颜色。选择 Photoshop 工具箱中的画笔工具，并设置画笔的半径为 5 像素，硬度为 0%，在画布上拖动画笔进行画线，按住 Shift 键拖动鼠标可绘制一条直线。

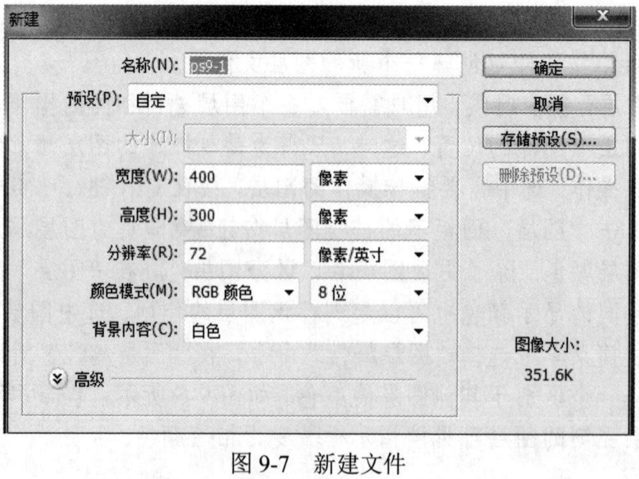

图 9-7 新建文件

> **注　意**
>
> 如要连续绘制多条直线，一定要在绘制下一条直线前先选择其他工具，然后再选择画笔工具继续绘制，否则连续绘制会出现连笔现象。

03 画虚线。画虚线和画直线一样也使用画笔工具，不过要对画笔间距进行设置。按快捷键 F5 或单击选项工具栏上的按钮，弹出如图 9-8 所示画笔设置面板，选中“间距”复选框，根据图中的预览效果设置一定的间距值，设置画笔的直径、硬度等，即可以在画布上绘制虚线。

图 9-8　绘制虚线的画笔设置

04 画凹凸线制作导航间隔线。凹凸线在网页版面中最常见，如制作如图 9-8 所示导航栏，操作步骤如下。

① 在画布中利用矩形选框工具绘制矩形，右击矩形，在弹出的快捷菜单中选择“存储选区”命令。

② 单击工具栏中的图标，设置前景色为#abd9fd。

③ 选择油漆桶工具，将矩形框颜色填充为前景色。

④ 新建文字图层，按如图 9-9 所示输入文字，设置文字为宋体、24 号、黑色。

⑤ 选择背景图层，单击工具，将画笔颜色设置为#82bef1，在文字间隔中绘制一条宽度为 2 像素的直线。

⑥ 单击工具，将画笔颜色设置为#c9e9fd，将图片放大到合适大小，在上面 2 像素直线旁边绘制一条比背景色亮的 1 像素的直线，这样凹凸效果就出来了。

首页　公司简介　产品展示

图 9-9　画凹凸线制作导航间隔线

子任务 9.3.2　按钮制作

按钮是网页中常用的图形元素，如“登录”“注册”“取消”“确定”“订单提交”等信息均以按钮的形式体现，本小节以圆角矩形按钮和不规则按钮为例进行按钮的制作。

案例 9-2

制作圆角矩形按钮，操作步骤如下。

使用 Photoshop 制作圆角矩形按钮

01 选择“文件”→“新建”命令，新建 150 像素×50 像素的图像文件，白色背景色，文件保存为 ps9-2.psd。

02 新建图层，并选中该图层，选择圆角矩形工具，在图 9-9 所示的工具选项中选择“形状”图层绘图方式，填充色设置为白色，不描边，宽度 W 为 100 像素，高度 H 为 30 像素，圆角半径为 5 像素，如图 9-10 所示，设置完矩形工具参数后在层中绘制矩形。

图 9-10　设置圆角矩形工具参数

03 为了使按钮清晰地显示出来，选择进行描边设置。双击图层，或单击圆角矩形图层，再单击图 9-11 所示的图标fx，选择“描边”进入图层描边样式设置，如图 9-12 所示。设置描边大小为 1 像素，位置在内部，混合模式为正常，不透明度为 62%，描边颜色为# 777777。

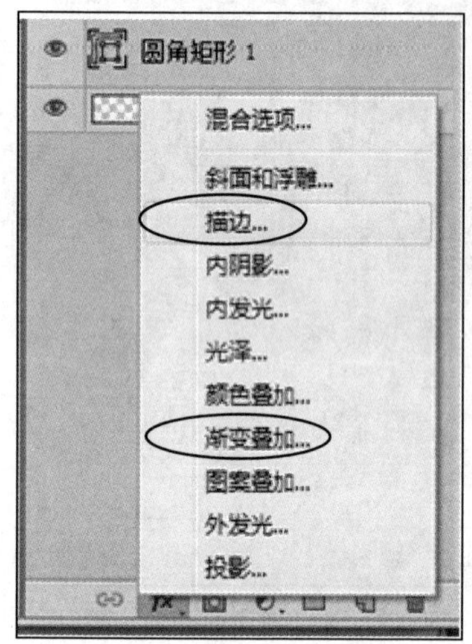

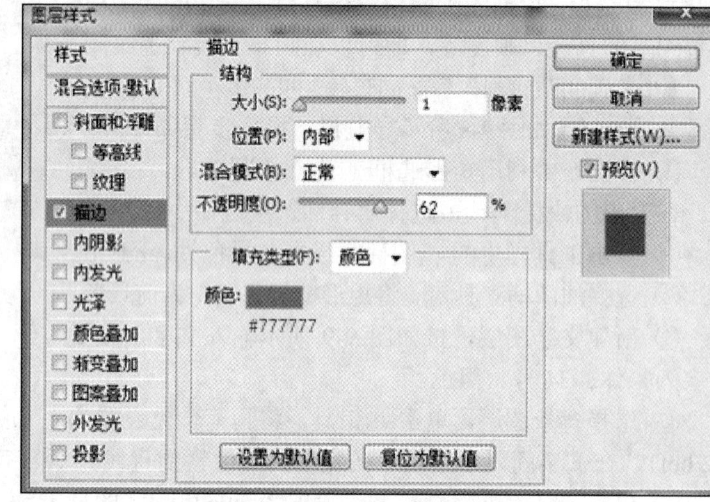

图 9-11　添加图层样式　　图 9-12　设置描边参数

04 在如图 9-11 所示的添加图层样式列表项中选择“渐变叠加”样式，弹出“渐变编辑器”对话框，为按钮添加从灰色（#d8d8d8）到白色的渐变，将左边色标颜色调整为#d8d8d8，将右边白色色标的位置从 100%移动到 40%，如图 9-13 所示。单击“确定”按钮，回到“渐变叠加”图层样式对话框，如图 9-14 所示，将“样式”设置为线性，选择与图层对齐，“角度”为 90 度，“缩放”为 60%。

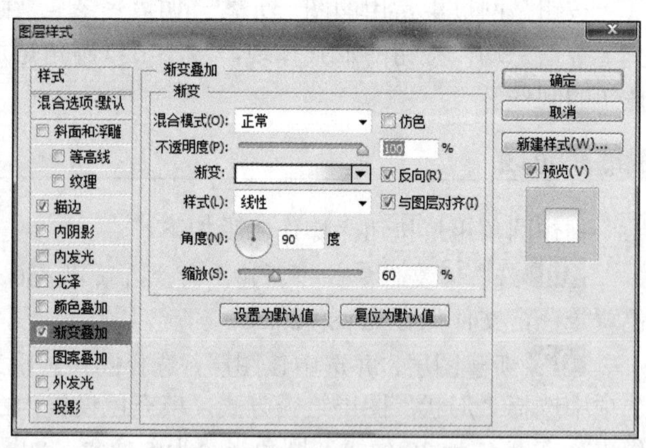

图 9-13　渐变色设置　　图 9-14　渐变叠加样式设计

05 为了给按钮添加立体感，在添加图层样式列表项中选择“斜面和浮雕”，弹出如图 9-15 所示对话框。样式选择内斜面，方法为平滑，深度为 1000%，方向为上，大小为 2 像素，软化为 3 像素，阴影角度为-85 度，取消全局光，高度为 30 度，阴影模式的不透明度降低为 15%。

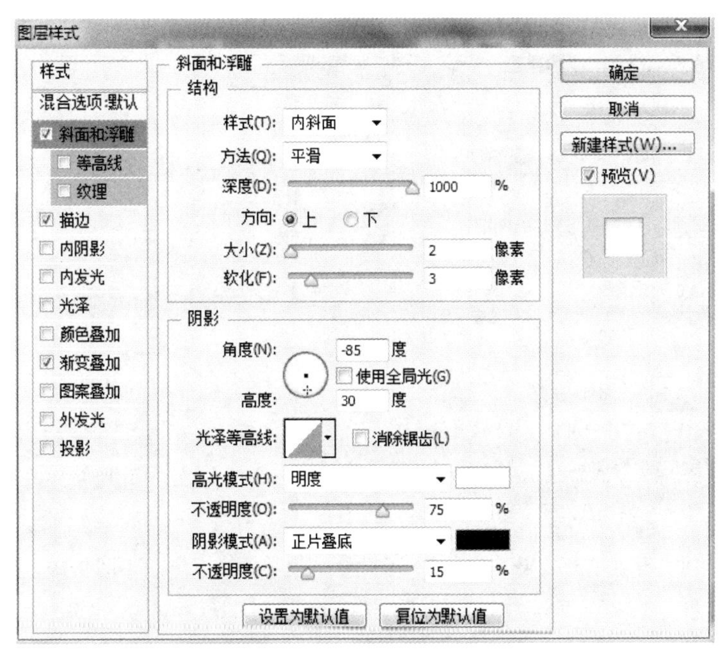

图 9-15　斜面和浮雕样式设置

06 为了给按钮添加光泽效果，在添加图层样式列表项中选择“内阴影”，弹出如图 9-16 所示对话框。将混合模式设为正常，颜色为白色，不透明度为 65%，取消全局光，将角度设为-90 度，距离为 10 像素、阻塞为 0、大小为 5 像素，然后修改等高线，单击默认的等高线，拖动映射曲线两端的端点，将它们自上而下改变位置，调整后的等高线如图 9-17 所示。

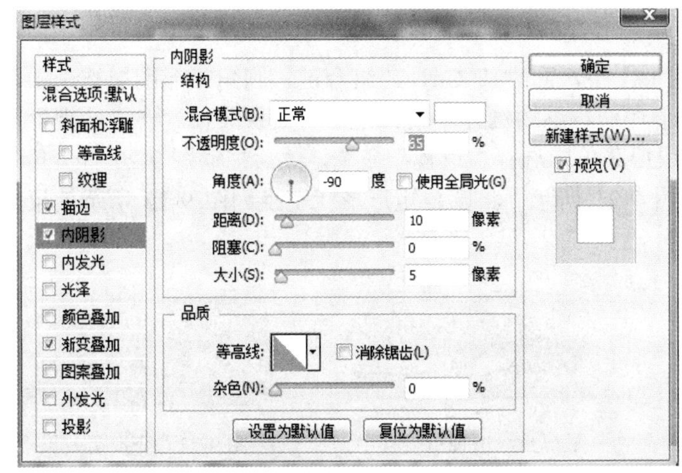

图 9-16　内阴影样式设置

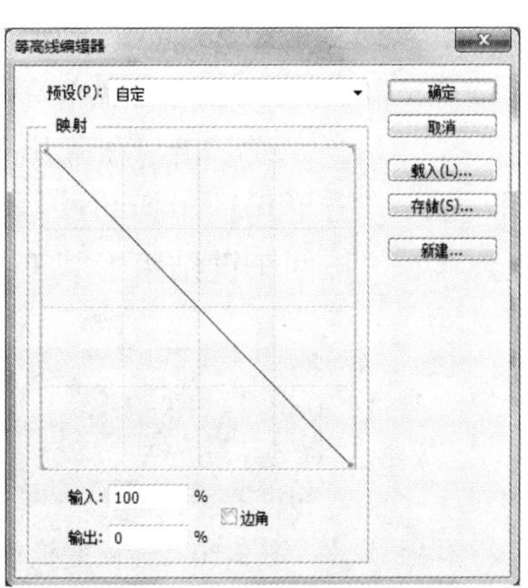

图 9-17　调整后的等高线

07 在添加图层样式列表项中选择“投影”，如图 9-18 所示，选择投影给按钮添加一点阴影效果，将投影的不透明度设为 14%，取消全局光，将角度设为-130 度，距离和大小为 1 像素，扩展为 0%。

08 最后添加文字，文字设置为黑色字体。去掉背景图层的背景色，使用剪切工具裁剪图片，保存为 JPG、GIF 或 PNG 图片格式，效果如图 9-19 所示。

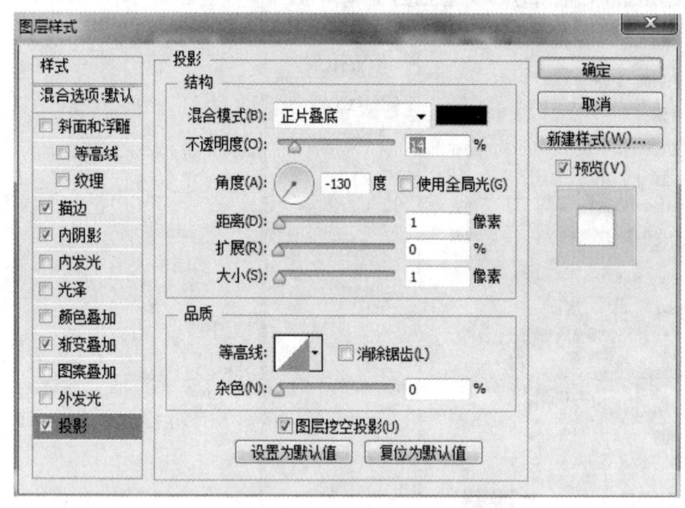

图 9-18 设置投影效果

提交订单

图 9-19 按钮效果

案例 9-3

使用 Photoshop 制作不规则形状按钮

制作各种不规则的按钮，以适合轻松活泼风格的网站，制作步骤如下。

01 选择“文件”→“新建”命令，新建 200 像素×100 像素的图像文件，背景色为透明色，将背景图层命名为 bg，文件保存为 ps9-3.psd。

02 新建图层，命名为 button，选中该图层，选择圆角矩形工具，在图 9-9 所示的工具选项中选择“形状”图层绘图方式，填充色设置为绿色#94cb3e，宽度 W 为 120 像素，高度 H 为 40 像素，圆角半径为 8 像素，设置完矩形工具参数后在层中绘制矩形。

03 选中该圆角矩形图层，同时按 Ctrl+T 组合键，圆角矩形图层被选中，在四个边角出现 8 个方形句柄。继续选择“编辑”→“变换路径”→“透视”命令，或右击，在弹出的快捷菜单中选择“透视”命令，然后拖动图 9-20 右下角的方形句柄，拖动过程如图 9-21 所示，将圆角矩形形状变换为图 9-22 所示效果，按回车键结束形状变换。

图 9-20 透视变换前

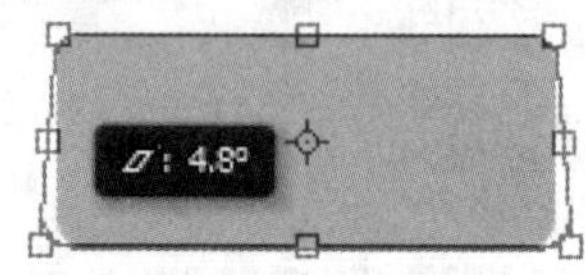

图 9-21 透视后变换中

图 9-22 变换后效果

04 制作按钮的高光部分。新建图层命名为 light，选择“自由钢笔工具”→“路径”选项绘制图案，在 light 图层勾选按钮的上部分，如图 9-23 所示，右击，在弹出的快捷菜单中选择“建立选区”命令。单击工具箱中的“渐变工具”，在图 9-24 所示的“渐变工具”选项栏中选择线性渐变，单击　图标，弹出如图 9-25 所示“渐变编辑器”对话框，编辑渐变，将左右两边色标设置为白色，不透明度设置为从 10%到 30%，完成渐变设置。在选区中自上而下画直线完成渐变填充，同时按 Ctrl+D 组合键取消选区的选择。

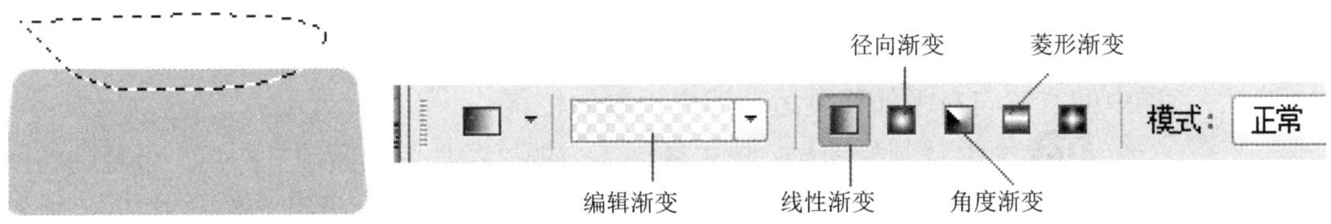

图 9-23　勾选按钮上半部分　　图 9-24　渐变工具选项

05 按 Ctrl 键并单击 button 图层的缩略图，载入图层 button 选区（或选择图层后，通过菜单“选择”→“载入选区”命令载入图层选区），同时按 Ctrl+Shift+I 组合键反选选区，再单击选中 light 图层，然后按 Delete 键删除在步骤 **04** 中钢笔工具勾画的 button 选区外的多余的填充色。

06 单击工具箱中的 T，给按钮添加文字图层，设置字体为白色，设置字体字号为合适大小，完成效果如图 9-26 所示，保存文件。将图片剪切成 120 像素×40 像素的大小，另存为图片格式。

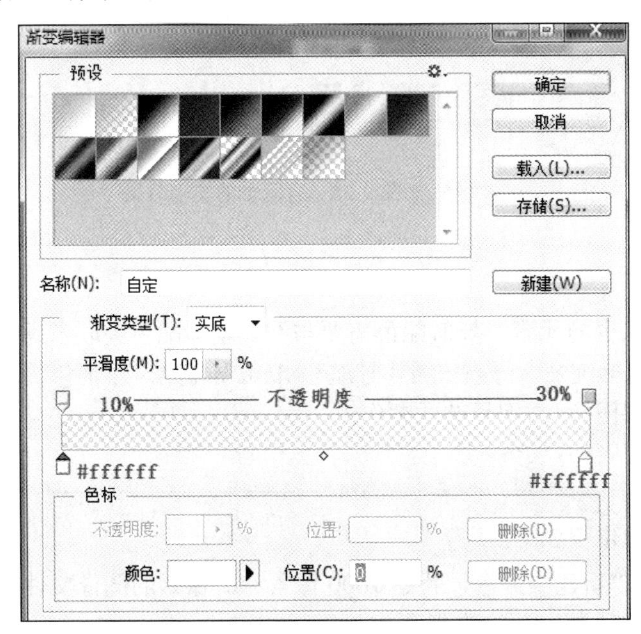

图 9-25　渐变设置　　图 9-26　完成效果

子任务 9.3.3　设计文字阴影

使用 Photoshop 设计阴影文字效果

在网页中，要使文字有特殊的效果往往需要对文字进行一些样式设置，如带阴影的文字、倒影文字等。本小节以阴影文字为例讲解文字的效果制作。

案例 9-4

文字阴影效果制作的步骤如下。

01 选择“文件”→“新建”命令，新建 500 像素×120 像素的图像文件，背景选择透明，将背景图层命名为 bg，文件保存为 ps9-4.psd。

02 新建图层，单击文字输入工具，输入绿色（#17b622）的“网页设计与制作”文字，调整字号字体颜色为合适大小；复制该文字图层，将复制的文字图层中的文字向右下偏移到适合形成阴影的位置。

03 选中复制的图层，单击图层下方的“添加图层蒙版”按钮，给复制的图层文字添加图层蒙版，如图 9-27 所示。选中蒙版图层，单击“渐变工具”，设置为黑色到白色的渐变色，不透明度设置为 70%～90%、线性渐变，设置完成后在蒙版图层中从上往下画一条直线，完成后效果如图 9-28 所示。

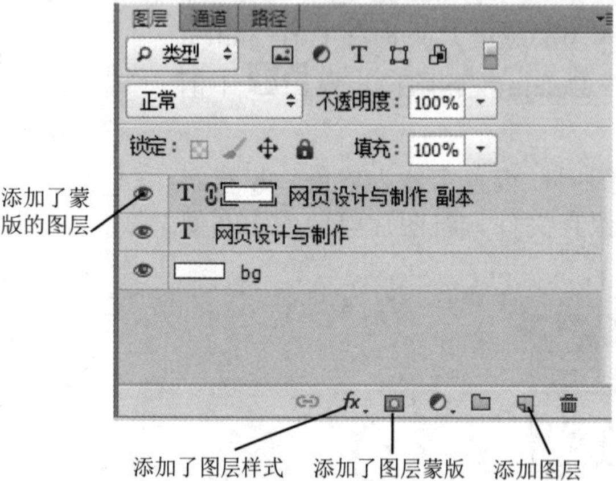

图 9-27　添加图层蒙版

网页设计与制作

图 9-28　有阴影的文字效果

子任务 9.3.4　导航条制作

导航条是网页中不可缺少的元素，导航配色需要与网页整体配色关联考虑，能突出导航的效果。导航包括纯文本导航、图片导航和 flash 导航等，下面以简单的横向导航制作为例，讲解图片+文字导航的制作。

案例 9-5

使用 Photoshop 设计导航

一级横向导航条的制作步骤如下。

01 选择“文件”→“新建”命令，新建 1000 像素×40 像素的图像文件，黑色背景色，将背景图层命名为 bg，文件保存为 ps9-5.psd。

02 新建图层，用矩形选框工具画一个矩形。选择“渐变工具”，选择线性渐变，在“渐变编辑器”对话框中设置左右色标为白色，左右不透明度为 10%，中间增加不透明度设计为 30%，如图 9-29 所示。在矩形中从上往下画一条直线填充渐变色，然后同时按 Ctrl+D 组合键取消选择。

03 单击工具箱中的文字工具，添加导航文字“首页”“网页制作”“美工设计”“动画设计”“联系我们”，并设置字体为“宋体”，字号为 24 点，颜色为白色。

完成后效果图如图 9-30 所示。

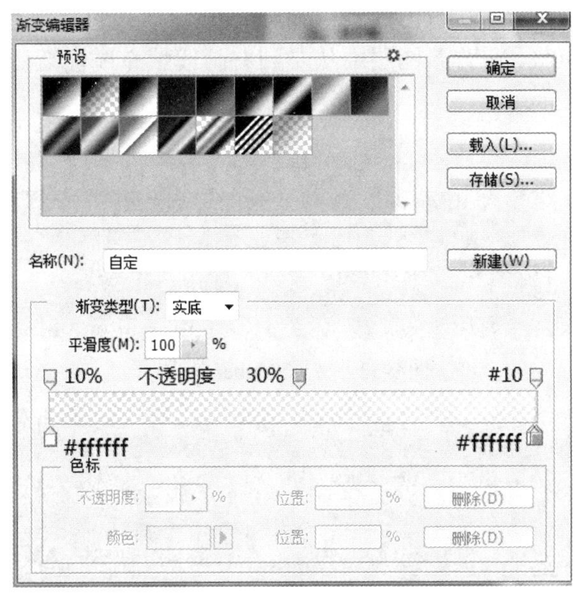

图 9-29 “渐变编辑器”对话框

首页 网页设计 美工设计 动画设计 联系我们

图 9-30 导航效果

04 绘制导航条的分隔线。新建图层，将前景色设置为#c0b7b7，用 1 像素的画笔工具在新图层中从上往下画一条直线。再新建图层，将前景色设置为#9d9494，再用 1 像素画笔从上往下画一条直线。然后将两直线偏移 1 像素并排放置。选中这两个图层，右击，在弹出的快捷菜单中选择“合并图层”命令，合并这两条直线的图层为一个层，修改合并后的图层名为 line。选择 line 图层，右击，在弹出的快捷菜单中选择“复制图层”命令，重复操作，复制 4 个分隔线图层，分别选择这些图层，将分隔线移动到文字间的合适位置，完成后效果如图 9-31 所示。

首页 网页设计 美工设计 动画设计 联系我们

图 9-31 添加分隔线后的导航效果图

子任务 9.3.5 网页图像合成与修饰

为了更好地表达网站的主题，网页设计者会使用多幅与主题相关的图像进行合成，得到合成结果与背景和主题连成一体，使画面更加和谐，内容更加丰富。在 Photoshop 中，图像合成常用图层蒙版、图层混合模式和色彩调整命令来处理。

案例 9-6

制作网页 Banner，效果如图 9-32 所示，制作步骤如下。

使用 Photoshop 进行图像的合成与修饰

01 新建文件命名为 ps9-6.psd，大小为 1000 像素×220 像素，单击“渐变工具”，在渐变设置中设置左边色标颜色为#5ccdf5，右边色标颜色为#00a1de，不透明度为 70%～90%，在背景图层中从左到右画线填充线性渐变，效果如图 9-33 所示。

图 9-32　网页 Banner 效果

图 9-33　蓝色渐变背景

02 打开素材文件 map.psd，图层如图 9-34 所示，将如图 9-35 所示的图层 map1 和图 9-36 所示的图层 map3 这两幅图片拖入 ps9-6.psd 文件中，选中素材图片，按 Ctrl+T 组合键调整图片大小，按效果图调整图片位置。

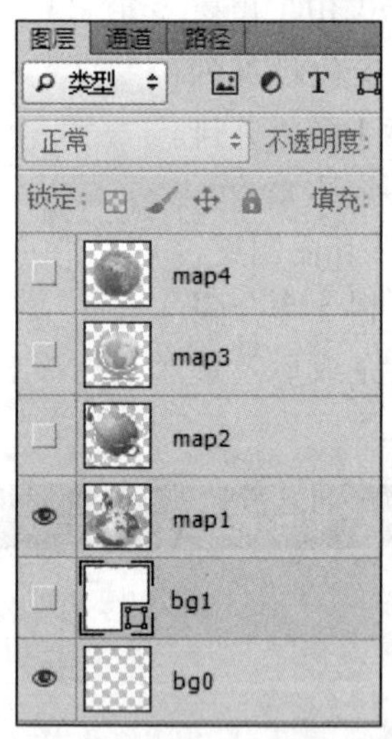

图 9-34　素材文件图层

图 9-35　map1 图层效果

图 9-36　map3 图层效果

03 添加文字图层，设置文字样式为“外发光”，并增加投影效果，完成如图 9-32 所示的效果图的制作。

说　明

如果给出的图片素材大小不合适，可通过选择素材图片所在的图层，按 Ctrl+T 组合键或选择“编辑”→“自由变换”命令调整图片大小，完成后按回车键。

任务9.4　网页版面设计制作案例

任务描述：根据网页主题确定配色方案和采用的图片素材，确定网页主页面和内容页的排版布局，使用 Photoshop 绘制网页布局效果图。

网页 UI 设计或美工设计的第一步就是设计网页版面的布局。布局就是以最适合浏览的方式将图片和文字排放在页面的不同位置。可以将网页看作一张画纸进行排版布局。网页布局首先要考虑的是网页版面大小，网页版面大小并没有固定的长宽尺寸限定，一般跟当前大众所使用的显示器的解析度相关。目前，台式机浏览的网页多数设定长宽为 1000～1280 像素，高度随着内容而定；手机浏览的网页宽度一般设置为 400～768 像素。

案例 9-7

使用 Photoshop 进行网页版面制作

制作如图 9-37 所示网页版面效果，制作步骤如下。

01 新建文件，大小为 1000 像素×800 像素，存储为 ps9-7.psd。

02 在图层中创建新组，添加四个图层文件夹，分别命名为 banner、nav、content 和 foot，在 content 文件夹中新建一个图层，命名为 bg，继续创建两个文件夹，命名为 left 和 right，如图 9-38 所示。

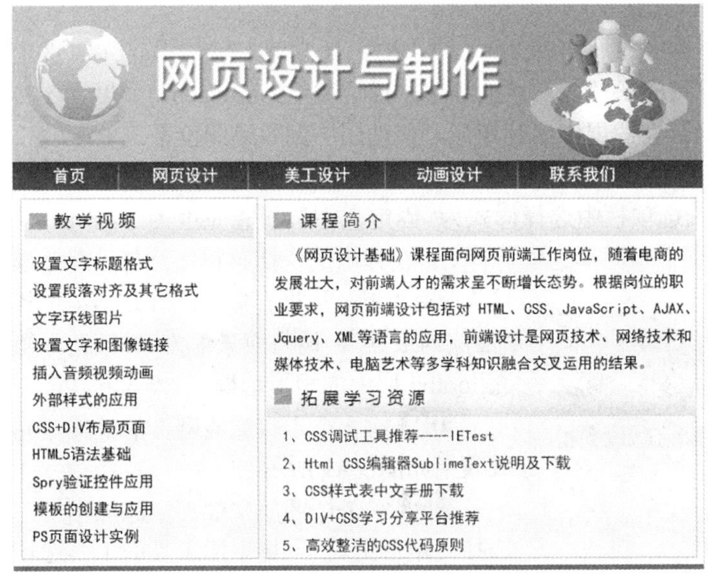

图 9-37　网页版面效果

图 9-38　网页图层管理

> **注　意**
>
> Content 文件夹中的 bg 图层作为背景图层，需要放置到 left 文件夹和 right 文件夹的下方，否则图层背景将遮住下面图层的内容。

03 参考案例 9-6 完成 banner 的制作，将 banner 的图层放在 banner 文件夹中。

04 参考案例 9-5 完成导航制作，将导航图层放在 nav 文件夹中。

05 选中 content 文件夹中的图层 bg。选择“矩形选框工具”，在工具选项栏中选择样式为“固定大小”，如图 9-39 所示。设置矩形框的宽度为 1000 像素，高度为 530 像素，在 bg 层中画一个矩形框，右击，在弹出的快捷菜单中选择“存储选区”命令，设置前景色为#eceff0，选择“油漆桶工具”给矩形框填充颜色。按 Ctrl+D 组合键取消选择框。

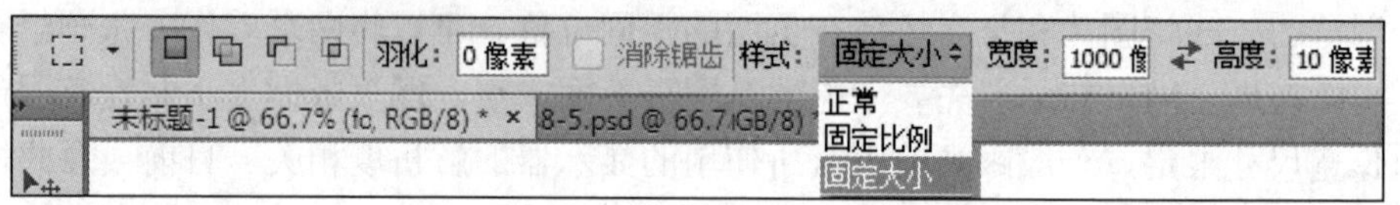

图 9-39 矩形选框工具的工具选项栏

06 在 left 文件夹中添加图层，选择“矩形工具”，将矩形工具的工具选项栏设置为形状模式、不填充颜色、2 点的描边，描边颜色为#8fcaeb，宽度为 345 像素，高度为 510 像素，如图 9-40 所示。在图层中绘制矩形，单击矩形框，可重新修改宽度和高度。

图 9-40 矩形工具的形状框选项栏

07 在 right 文件夹中添加图层，选择“矩形工具”，将矩形工具的工具选项栏设置为形状模式、不填充颜色、2 点的描边，描边颜色为#8fcaeb，宽度为 625 像素，高度为 510 像素。在图层中绘制矩形，移动图层到效果图位置。

08 在 foot 图层文件夹中新建图层，命名为 footbg，选择“矩形选框工具”，在如图 9-37 所示的工具选项栏中选择样式为“固定大小”，设置宽度为 1000 像素，高度为 10 像素。在图层中画矩形选框，右击，在弹出的快捷菜单中选择“存储选区”命令，将矩形框存储为工作选区。选择“油漆桶工具”，调整前景色为#257999，填充 footbg 层中的矩形选框。

图 9-41 网页框架效果

09 前 8 个步骤完成网页的框架，完成效果如图 9-41 所示。

10 在 left 图层文件夹中添加图层，选择“矩形工具”，将矩形工具的工具选项栏设置为形状模式，单击“填充”，设置渐变填充颜色如图 9-42 所示，左边色标为#badbeb，右边色标为白色，不透明度均设置为 100%，不描边。在左边内容框布局中绘制宽为 340 像素、高为 40 像素的渐变填充矩形，效果如图 9-43 所示。

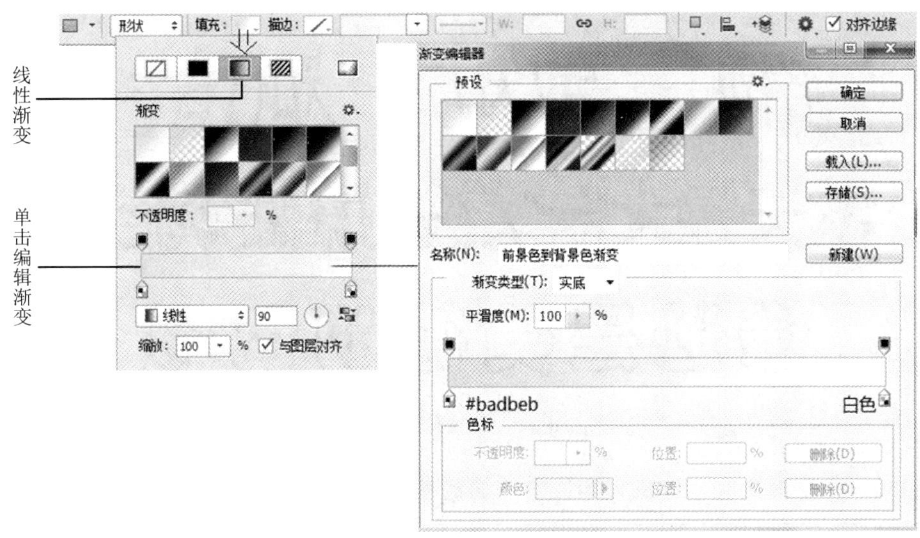

图 9-42　设置渐变填充矩形选项

11 同步骤 **10**，在 right 文件夹中添加一个宽度为 625 像素、高度为 40 像素的标题栏图层，复制图层，添加一个标题栏，拖放到合适的位置。

12 在左边内容框和右边内容框的标题栏中添加文字，效果如图 9-44 所示。

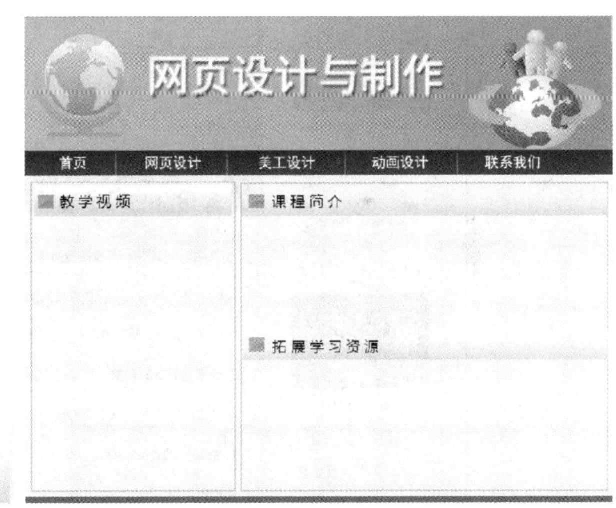

图 9-43　渐变背景标题栏　　图 9-44　添加标题栏文字后的效果

13 继续在左右内容框中分别添加图层，添加相应的文字，设置文字格式，最终效果如图 9-37 所示。

上机实训

1. 参考案例 9-3，制作一个外形比较活泼的按钮。
2. 完成如图 9-45 所示扭曲变换、透视变换、浮雕和镂空等文字效果的制作。

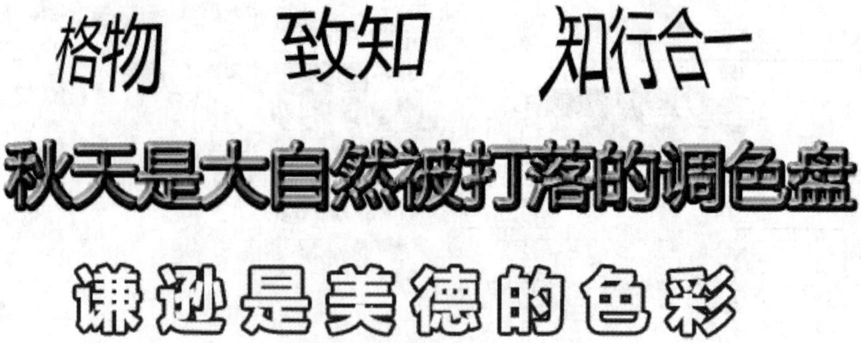

格物　致知　知行合一

秋天是大自然被打落的调色盘

谦逊是美德的色彩

图 9-45　文字效果图制作

3. 参考图 9-46，完成一个网页版面的制作。

图 9-46　网页版面制作效果图

混合式教学附录

案例9-2任务分工表

任务	订单提交按钮制作
任务1	根据效果图创建合适大小的图像文件，并保存
任务2	绘制圆角矩形
任务3	对圆角矩形进行描边
任务4	对圆角矩形添加渐变效果
任务5	添加斜面和浮雕设置，使图像有立体效果
任务6	给图像添加光泽效果
任务7	给图像添加投影效果
任务8	给按钮添加文字
任务9	完善图像并保存

其他案例可参考案例9-2的任务分工进行分组练习。

交流讨论

1. 观察3个你喜欢的网站页面，看看这些网页主要采用哪些色调进行配色？
2. 说说图片素材在网页中的作用。
3. 使用PS作图像处理时，往往在步骤中有载入选区的过程，载入选区的作用有哪些？
4. 用文件夹管理图层有什么好处？
5. 剪贴蒙板的作用是什么？
6. 在设置渐变时，透明度的设置起什么作用？
7. 对文字图层进行“栅格化”处理后对文字有什么影响？
8. 你觉得本单元学习的重点和难点是什么？

单元测试

1. 在Photoshop中，下列图像存储格式中能够看到每个图层信息的是（　　）。

A. TIFF　　B. PNG　　C. PSD　　D. JFPG

2. 下面关于图层的描述中，不正确的是（　　）。

A. 图层可以用文件夹进行管理　　B. 图层透明的部分是有像素的

C. 图层透明的部分是没有像素的　　D. 背景层可以转换为普通的图像图层

3. 位图图像中像素越多、分辨率就越（　　），描述图像就越细，像素能表示的色彩数越多，描绘的图像就越逼真。

A. 低　　B. 不一定高或低　　C. 不变　　D. 高

4. RGB格式的文件包含（　　）颜色通道。

A. 红色、绿色两个　　B. 红色、绿色、蓝色三个

C. 红色、黄色、蓝色三个　　D. 红色、黄色、蓝色、黑色四个

5. 利用“新建”对话框创建新图像时，不能确定新建文件的（　　）。

A. 名称和图像大小　　B. 色相与饱和度

C. 分辨率与颜色模式　　D. 背景是否透明

6. 制作一个透明背景的椭圆形图像，图片存储格式为（　　），可使这个图片在网页中显示时只显示椭圆部分，椭圆外为透明背景。

A. PNG　　B. PSD　　C. JPG　　D. BMP

7. 下列关于载入选区作用的说法中，不正确的是（　　）。

A. 修图时只针对选区部分进行

B. 可以复制选区的内容

C. 可以对选区图像进行描边、填充颜色或删除选区内容操作

D. 在选区里插入一张图片

8. Photoshop 图像中最基本的组成单元是（　　）。

A. 矢量　　B. 色彩空间　　C. 像素　　D. 路径

9. 可对图像进行自由变换的快捷键是（　　）。

A. Ctrl+T　　B. Ctrl+D　　C. Alt+T　　D. Alt+D

10. 用于取消图层元素选择的快捷键是（　　）。

A. Ctrl+T　　B. Ctrl+D　　C. Alt+T　　D. Alt+D

11. 文字转换为形状图层后可进行（　　）操作。

A. 扭曲　　B. 变形　　C. 透视　　D. 调大小

12. 当背景设置成透明时，一般图片会保存为（　　）格式。

A. PSD　　B. PNG　　C. JPG　　D. GIF

13. 剪贴蒙板的作用是（　　）。

A. 使得效果作用于蒙板下面所有层　　B. 可有可无，不起作用

C. 使得效果只作用于蒙板指向的层　　D. 上面都不对

14. 用画笔工具画线，想要画直线，一般要按（　　）键。

A. ctrl　　B. shift　　C. alt　　D. tab

15. 绘制参考线的作用主要用（　　）。

A. 版面布局更精确定位　　B. 方便切片

C. 方便调整图像　　D. 方便设置图片样式

16. 下面哪组快捷键表示反选选区（　　）。

A. Ctrl+I　　B. Ctrl+Shift+I　　C. Alt+Shift+I　　D. Alt+ Ctrl+I

学习自评与互评

序号	评价内容	重要性	个人自评	同学互评	教师评价
1	了解 photoshop 的操作界面，了解工具栏中的工具使用。了解图层的概念，能对图层进行管理	★★★			
2	绘制线条、制作文字	★★★			
3	制作不同形状的按钮、制作导航图片	★★★★☆			
4	图像的合成与修饰	★★★★☆			
5	简单网页版面的设计	★★★★★			
6	图片的切片与导出	★★★☆			
7	小组任务表现	★★★☆			
8	交流互动表现	★★★			
9	上机实训任务	★★★★			
10	单元测试	★★★☆			

项目 10

静态网站设计与制作

知识目标

1. 了解网站制作流程
2. 掌握网页版面的切图技术
3. 掌握简单网站的设计方案
4. 了解网站的测试和发布方法

能力目标

1. 熟悉网站开发流程
2. 能够根据网站主题选择合适的配色方案
3. 能够根据网站主题使用 HTML5+CSS+CSS3 布局设计网站主页和内容页

思政目标

自觉传承和弘扬中华优秀传统文化，树立文化自信

任务10.1 了解网站制作流程

任务描述： 了解网站整体设计的详细流程。

制作网站除了页面代码的编写、网页元素的制作外，在网站制作的前后期，还有许多工作需要完成。网站前期规划是网站制作的重要一环，在很大程度上决定着网站能否取得预期的效果。制作完成的网站需要到服务器进行发布，用户才能通过互联网进行浏览。在网站运营过程中，需要实时对网站信息进行更新维护，有时还需要对某些网页元素进行修改，以保持网站的新鲜度。

网站前期规划直接关系到网站制作的成败，网站的制作成本和效率，一个成功的网站，必定经过全面而详细的前期规划和用户需求分析。网站制作之前，需要充分考虑网站的目的，确定网站的功能、网站的规模及投入费用，还要进行必要的市场分析，并对网站后期的发展进行规划。网站的制作流程如下。

1. 网站定位和功能

按照网站的功能，可将网站分为资讯门户类网站、企业品牌类网站、交易类网站、社区网站、办公及政府机构网站、功能性网站和综合类网站等。网站制作

之前，制作者必须明确网站功能，从功能上对网站进行合理定位。

2. 内容规划

网站规划阶段还需要明确本网站需要包含哪些内容，如公司简介、产品展示、联系方式、公司基本结构等基本内容。如果该网站是电子商务性质的经营性网站，那么便需要更多地考虑网站在在线购物、在线支付等环节上如何才能更加安全和便捷，在产品分类上如何更加合理，才能让用户更加便捷地找到所需要的产品。另外，作为经营性质的网站，网站的推广和宣传也是很重要的一个方面，如何让更多的用户看到和了解你的网站，提高网站的访问量，是经营性网站成败的关键。

3. 版面美工设计或 UI 设计

在对网站的功能、内容和市场进行合理规划和定位以后，进入网页设计阶段。结合前面对网站功能等的定位，需要选择合理的网页配色方案，设计网站的各功能版块分布，完成网站主页面及内容页面的美工设计，版面设计通过用户认可后交由前端进行页面设计与制作。

4. 前端设计

前端设计人员根据网页版面设计方案和提供的图片素材（或根据版面效果图进行切图获取所需的图片素材），使用 HTML+CSS+JavaScript+JQuery+Ajax+XML 等技术进行前端页面设计，完成静态网页设计。

5. 数据库及后台开发

网页开发人员根据网站的需求分析进行数据库设计，根据前端页面效果图，进行编程开发，将数据库内容反映到前端页面中，并进行后台管理设计、安全管理等操作，最终完成动态网页设计。

6. 发布运行管理

设计好的动态网站需要发布到可提供互联网访问的服务器中，需要在网上申报域名和空间。发布后的网站可供网络用户浏览，管理员需要定期进行数据信息的维护管理，开发维护人员定期进行软件的升级维护等。

任务10.2 “诗词曲赋”静态网站设计与制作

任务描述：本任务将以一个简单的静态网站制作为例，从网站规划开始，完成网站定位、内容选取、版面设计、主页面和内容页设计等，最终完成一个完整的静态网站的制作。

在本书前面的 9 个项目中，已将网页制作的基本技术做了较详尽的讲解，读者已经掌握了网页制作的基本技巧，可以独立制作一个简单的静态网站。本节将以一个简单的静态网站为例，从网站规划开始，详细地讲解一个完整静态网站的制作过程。

子任务 10.2.1　了解网站的用途及定位

1. 网站用途

本案例中的网站主要包括中国古文学历史上一些朝代代表作品和文学代表作家的介绍，以及一些唐诗、宋词、元曲、汉赋等，让读者了解这些朝代的主要文学作品及代表人物。

2. 网站的定位

网站为一个小型的知识普及型网站，结合网站的用途，网站的配色定位为简洁明朗并具有文化气息，代表图案结合中国传统文化，定位为荷花，以水墨色为主调，并以此进行主页和内容页的版面设计。

子任务 10.2.2　网站内容的选取

在开始制作网站之前，需要对网站内容进行梳理选取。根据网站的用途及定位，选取内容如下。

- 网站名：诗词曲赋。
- 网站性质：非经营性知识类网站。
- 网站用户群：预期用户群较广，包括中小学生到老年人等对中国古文化知识感兴趣的人群。
- 网站目的：希望用户能通过本网站，对中国古代文化特别是唐诗、宋词、元曲、汉赋有基本了解，对各个朝代的代表作品和代表人物有基本了解。
- 网站内容：网站以中国古文化为主题，为用户展示各个朝代的代表文学作品和代表人物，包括“首页”“唐诗”“宋词”“元曲”“汉赋”五个栏目。
- 开发环境：采用 Dreamweaver、HBuilder X 或其他前端开发平台，采用 HTML/HTML5 网页开发语言，CSS/CSS3 样式。
- 网站风格：网站定位简洁清新自然，网站整体采用浅灰色的明快和谐色调，搭配荷花和绿叶点缀。
- 网站兼容性要求：兼容 IE 6 及以上 IE 版本，兼容 Firefox、谷歌等浏览器。

子任务 10.2.3　使用 Photoshop 切图

根据对网站主题及用途的了解，使用 Photoshop 设计网站主页版面布局，如图 10-1 所示，图片大小为 1000px×1015px。

使用 Photoshop 切图

将客户认可的效果图保存为 JPG 等图片格式后对图片进行裁剪，前端设计师通过使用裁剪的图片结合 HTML+CSS 等技术制作网页，实现图片效果。切图是美工或 UI 设计师与前端开发者之间的桥梁，合适的切图、精准的定位可以让前端设计者最大限度地还原效果图的设计，会让网站加载速度更快。对图 10-1 所示图片进行切图的步骤如下。

1. 导入图片

打开 Photoshop，选择“文件”→“打开”命令，导入如图 10-1 所示的图片。

2. 绘制参考线

分析图 10-1 所示的图片，需要建立的切片如下。

- 导航背景切片：网页中导航背景图片可横向延伸，切片图案只需要横向切小部分就可实现，这里设计切片大小为 10px×38px。
- Banner 图标的切片：包括左边、右边和中间部分切片，这样的切片，在制作前端时，将中间部分横向延伸，便可制作宽度不同的 Banner 图标。
- 方框的四边角切片：不带图案的上、下、左、右四个角的切片和带图案的角切片，以左方框为例，对四角切片尺寸可设计为：左上角 30px×30px、右下角 30px×20px、右上角 20px×30px、右下角 20px×20px。
- 方框边线切片：除了方框四个角外，边线上的切片图使得方框大小可根据需要延伸。
- 方框边线图案切片：方框图案边线上的图案切片，根据图案大小进行切片。

图片尺寸整体框架图宽度为 1000px，高度为 1015px，建立参考线如下。

选择“视图”→“新建参考线”命令，弹出如图 10-2 所示对话框，选择“水平”选项，分别在如下水平坐标位置建立水平参考线：0px、38px、264px、268px、298px、308px、510px、520px、748px、768px、927px、1015px。

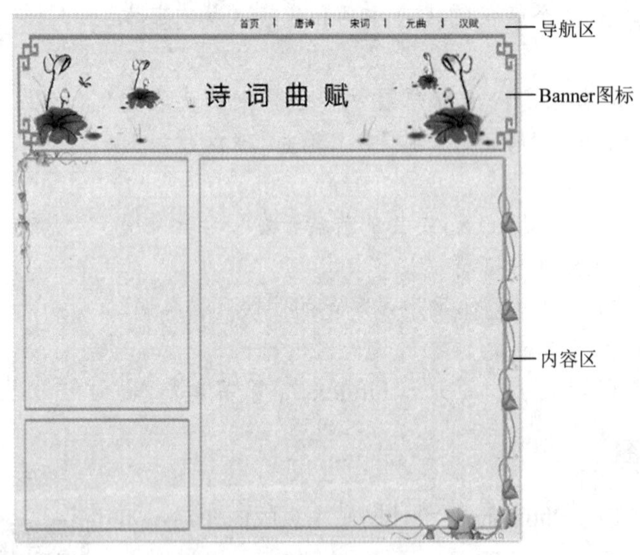

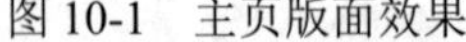
图 10-1 主页版面效果

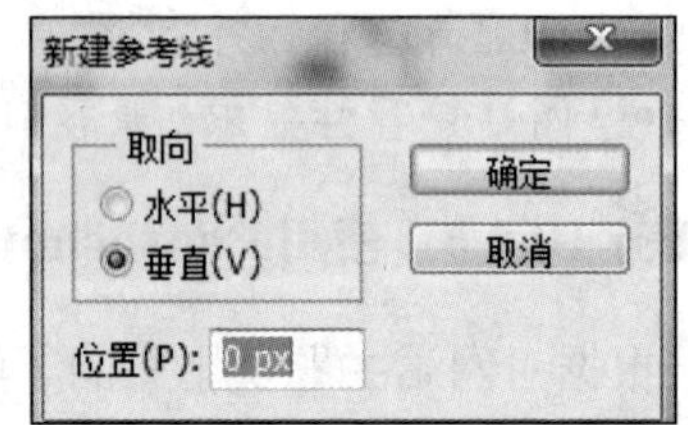

图 10-2 “新建参考线”对话框

在如图 10-2 所示对话框中，选择“垂直”选项，分别在如下坐标中建立竖向参考线：0px、30px、155px、165px、330px、350px、380px、650px、660px、776px、950px、1000px。

完成水平参考线和垂直方向参考线设置后效果如图 10-3 所示。

图 10-3　建立了参考线的主页框架图

3. 绘制切片

如图 10-4 所示，右击剪切工具栏中的裁剪工具，选择“切片工具”，对图 10-3 中已经建立参考线的主页框架图片进行切片设计，步骤如下。

1）明确切片的大小：以导航背景切片为例，希望切出 10px×38px 大小的图片，只需要在参考线之间寻找这个大小的矩形框进行切片。

2）画切片框：使用切片工具，顺着参考线的坐标点（0,155）、（0,165）、（38,155）、（38,165）画矩形图，建立宽度为 10px、高度为 38px 的矩形切片，完成导航背景的切片制作。

3）修改切片：右击切片框左上角的标记，弹出如图 10-5 所示菜单，可对切片进行删除或编辑。选择“编辑切片选项”，弹出如图 10-6 所示对话框，可对切片进行编辑，包括重新定位切片坐标、给切片图片命名等操作。

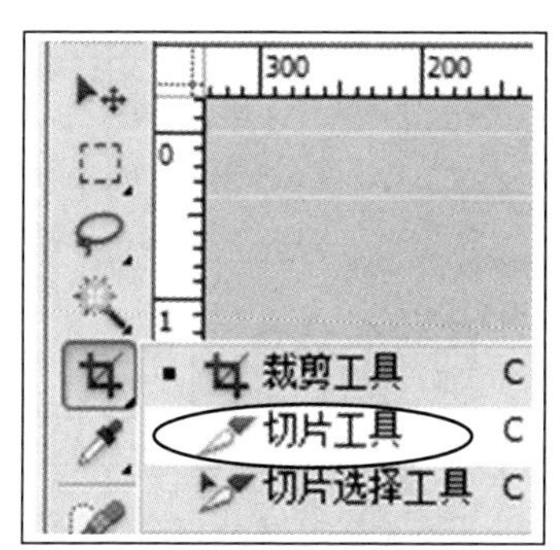

图 10-4　选择“切片工具”

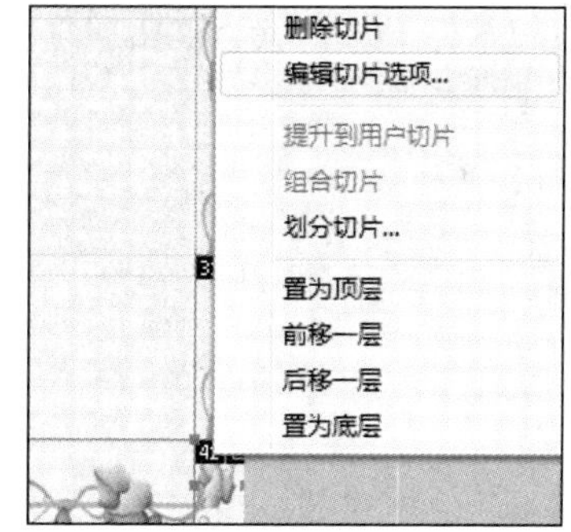

图 10-5　选择“编辑切片选项”命令

4）参考步骤 1）～3）建立 Banner 图标切片、边角图案切片、叶子图案切片，绘制切片后的效果如图 10-7 所示。

4. 导出切片图

选择“文件”→“存储为 Web 和设备所用格式”命令，弹出如图 10-8 所示对话框。在对话框中，可选择图片格式为 JPG、GIF 或 PNG 等格式，可设置图像质量，单击“存储”按钮，选择存储路径后保存切片图。打开存储切片的文件夹，可看到除了绘制的切片图保存下来了，还有一些沿着参考线自动产生的图也保存下来了，选择需要用到的图片，重命名文件名便可应用到网页制作中。

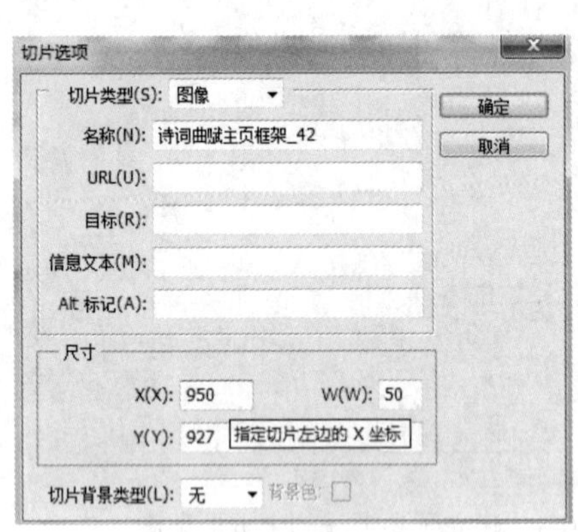

图 10-6 “切片选项”对话框

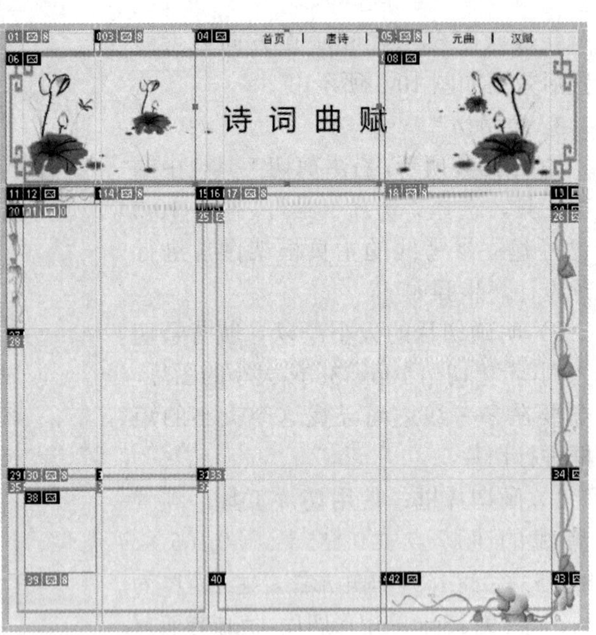

图 10-7 绘制切片后效果

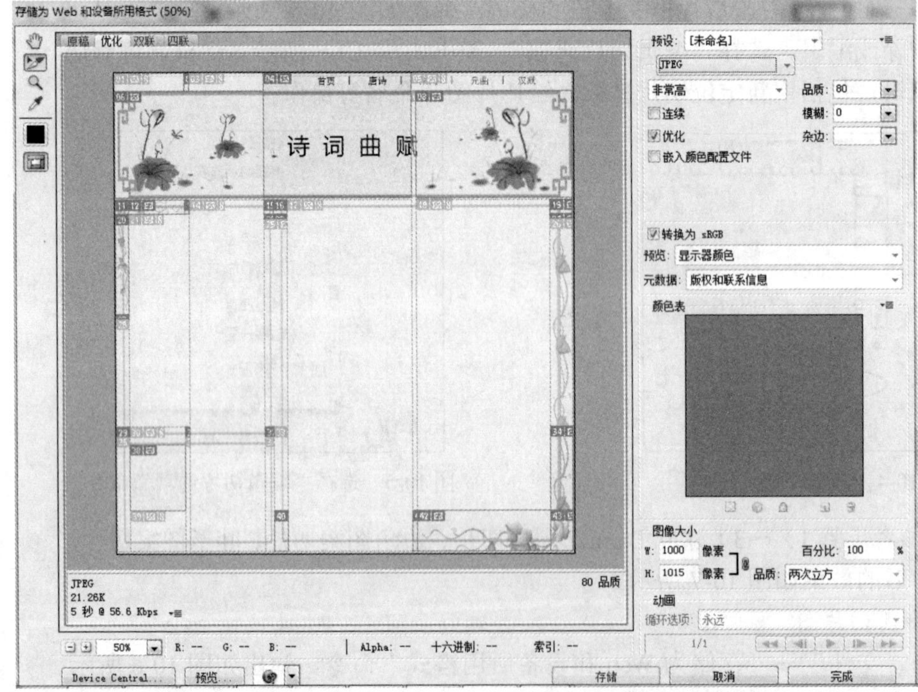

图 10-8 “存储为 Web 和设备所用格式”对话框

子任务 10.2.4 主页框架制作

主页框架制作

网站美工设计出被客户认可的效果图后，由前端人员或美工设计师进行切图，前端设计人员根据所给的图片和媒体素材等进行前端页面制作。首先完成主页制作，步骤如下。

1. 建立网站

新建网站，命名为 ch10。在网站中添加如下文件和文件夹。

- 添加名为 images 的文件夹，存放各页面的框架图片。
- 建立名为 pictures 的文件夹，存放内容资料图片。
- 新建样式表文件，命名为 layout.css，作为页面布局样式表文件。
- 新建样式表文件 stylesheets.css，作为页面文字图片等内容元素样式表文件。
- 新建网页文件，命名为 index.html，作为主页文件。

2. 主页框架样式设计

打开布局样式表文件 layout.css，设计主页框架样式，包括如下样式设计。

1）页面背景设计。重定义 body 标签样式，使得页面带灰色底纹背景，样式代码如下：

```
body{background-image:url(images/cont.gif);}
```

2）容器层样式。根据主页宽度 1000px，设计容器层样式，容器宽度为 1000px，页面居中，样式代码如下：

```
.container{width:1000px;margin:auto;}
```

3）导航层样式。根据导航的宽度和高度设计导航样式，代码如下：

```
.nav{background-image: url(images/nav.gif);height:38px;}
```

4）Banner 图标样式。Banner 图标由三个图片水平排列组成，根据图片大小设计样式代码如下：

```
.top1{background-image:url(images/top1.gif);background-repeat:
no-repeat;float:left;height:230px;width:300px;}
.top2{background-image:url(images/top2.gif);float:left;
height:226px;width:476px;}
.top3{background-image:url(images/top3.gif);float:left;
height:226px;width:224px;}
```

5）左边内容框容器。页面内容区包括左边内容区和右边内容区，左右内容区设计为浮动可以并排显示。左边内容区包括两个四方框，左内容区容器样式代码如下：

```
.sidebar{width:350px;float:left;}
```

6）右边内容框容器。右边内容区容器样式代码如下：

```
.content{width:650px;float:left;}
```

7）清除浮动层样式。为了避免浮动层对下面层的影响，设计清除浮动继承样式代码如下：

```
.clearfloat{clear:both;height:0px;line-height:0px;}
```

3. 主页内容容器层设计

主页框架样式设计完成后，打开 index.html 文件，在源代码视图中完成主页框架层设计，并添加样式的引用，步骤如下。

1）在<head>标签中添加样式表文件的引用，并修改标题内容，代码如下：

```
<title>诗词曲赋主页</title>
<link href="layout.css" rel="stylesheet" type="text/css" />
<link href="stylesheets.css" rel="stylesheet" type="text/css" />
```

2）在<body>标签中添加层，并添加样式的引用，代码如下：

```
<div class="container">
   <nav></nav><!-----nav结束--------->
   <header> <!-----banner图标开始------>
     <div class="top1"></div>
     <div class="top2"></div>
     <div class="top3"></div>
   </header><!-----banner图标结束------->
   <div class="clearfloat"></div>
   <aside>
     <div class="sidebar"></div>
   </aside> <!---左容器框sidebar结束----->
   <main>
     <div class="content"></div>
   </main><!-----右容器框content结束----->
</div><!----- container容器层结束------->
```

4. *左边栏方框设计*

网页中的方框设计，可以用 border 属性设计方框线形粗细、颜色等，用 border-radius 属性设计方框圆角的大小。此外，根据方框的复杂程度，如带花边的方框，可按如下方法将方框切图成 9 个区域后，再按方框大小重新拼接。

方框设计切图时，可整框切图，也可以将方框分解为四个角、边线、内容框进行切图，后者切图后，重新组合的方框大小可调节，如图 10-9 所示，修改上下边框线宽度和内容框宽度后方框的变化效果。将方框划分为上、中、下三部分，每部分由左、中、右三栏组成，则每个方框由 9 个部分组成，命名规则如图 10-10 所示。

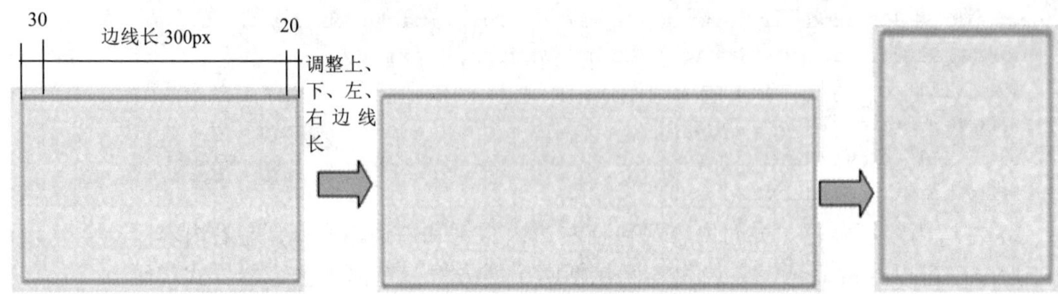

图 10-9　由四角和边线组成的方框

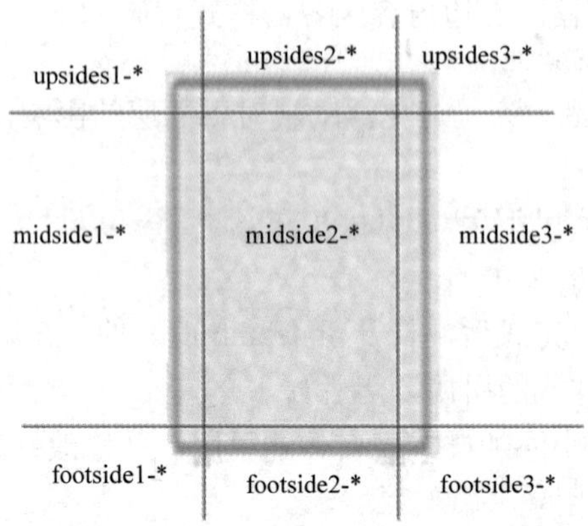

图 10-10　方框划分 9 个组成部分的命名规则

1）边角样式设计。左边栏由上、下两个方框组成，每个方框由四个角和边线组成，上面方框的左上角为图案边角，与下面方框不同，其余的右上角、右下角和左下角的样式相同。在 layout.css 样式表文件中添加样式代码如下：

```
    .upside1-1{width:155px;height:30px;background-image:url(images/
up1-1.gif); float: left;} /*---带叶子图案的左上角----*/
    .upside1-2{width:30px;height:30px;background-image:url(images/
up1-2.gif); float: left;}  /*---左上角----*/
    .upside3{width:20px;height:30px;background-image:url(images/up3.
gif); float: left;}  /*------右上角----*/
    .footside1-1{width:30px;height:20px;float:left;background-image:
url(images/bt1-1.gif);} /*------左下角----*/
    .footside3-1{width:20px;height:20px;float:left;background-
image: url(images/bt1-3.gif);}/*------右下角----*/
```

2）边线样式设计。边线的长度取决于方框的大小和角样式的宽度，以下边框线为例，整体边框宽度为 350px，左下角宽度为 30px，右下角宽度为 20px，则下边框线宽度为 300px。

左上方框总宽度为 350px、总高度为 500px，减去两边角的宽度和高度可计算出每个边线的宽度和高度。左下方框的宽度为 350px、高度为 230px，同理可计算各边线的宽度和高度。在 layout.css 样式表文件中添加样式代码如下：

```
    .upside2-1{width:175px;height:30px;background-image:url(images/
up2.gif);float:left;}  /*------主页左上方框上边线----*/

    .upside2-2{width:300px;height:30px;background-image:url(images/
up2.gif);float:left;}  /*------主页左下方框上边线----*/

    /*---------左边框线-------*/
    .midside11{width:30px;height:350px;float:left;}
    .midside1_1{height:210px;background-image: url(images/l1.gif);}
    .midside1_2{height:240px;background-image: url(images/l2.gif);}
    .midside1-3{width:30px;height:180px;background-image:
   url(images/l2.gif);float:left;}

    /*---------右边框线-------*/
    .midside3-1{width:20px;height:450px;float:left;background-image:
url(images/r1.gif);}
    .midside3-2{width:20px;height:180px;float:left;background-image:
url(images/r1.gif);}

    /*---------下边框-------*/
    .footside2-1{width:300px;height:20px;float:left;background-image:
url(images/bt1-2.gif);}
```

3）框内容区样式设计。方框中间内容区的宽度和高度可用方框的宽度和高度减去左右边角的宽度和高度计算，左上方框内容区宽度为 350px−30px−20px=300px，同理，可计算左上方框高度为 450px，左下方框高度为 180px，在 layout.css 样式表文件中添加样式代码如下：

```
    .midside2-1{width:300px;height:450px;float:left;background-image:
url(images/cont.gif);}
    .midside2-2{width:300px;height:180px;float:left;background-image:
url(images/cont.gif);}
```

4）左方框布局源代码。在网页的源代码视图的 sidebar 层中添加布局边框背景，内容区部分添加布局元素<section>，引用样式，代码如下：

```
<div class="upside1-1"></div><! -------左上方框开始------->
<div class="upside2-1"></div>
<div class="upside3"></div>
<div class="clearfloat"></div>
<div class="midside11">
    <div class="midside1_1"></div>
    <div class="midside1_2"></div>
</div>
<section>
    <div class="midside2-1"> </div>
</section>
<div class="midside3-1"></div>
<div class="clearfloat"></div>
<div class="footside1-1"></div>
<div class="footside2-1"></div>
<div class="footside3-1"></div>
<!----------左上方框结束----------->
<div class="clearfloat"></div> <!----清除浮动继承------>
     <!----------左下框开始----------->
<div class="upside1-2"></div>
<div class="upside2-2"></div>
<div class="upside3"></div>
<div class="clearfloat"></div>
<div class="midside1-3"></div>
<section>
     <div class="midside2-2"></div>
</section>
  <div class="midside3-2"></div>
<div class="clearfloat"></div>
<div class="footside1-1"></div>
<div class="footside2-1"></div>
<div class="footside3-1"></div>
     <!----------左下框结束----------->
<div class="sidefoot"></div>
```

5. *右边栏方框设计*

1）右边栏方框样式。右边方框左上角与左边栏下方框的左上角样式相同，其余样式设计如下：

```
    .content-up1{width:570px;height:30px;float:left;background-image
:url(images/up2.gif);} /*-----上边框线---*/
    .content-up2{width:50px;height:30px;float:left;background-image:
url(images/up4.gif);} /*---右上角线--*/
    .content-mid1{width:30px;height:650px;background-image:url(images/
l2.gif);float:left;} /*---左边框线线--*/

    /*---右边框线---*/
    .content-mid3{width:50px;float:left;}
    .content-mid31{width:50px;height:50px;background-image:url(images/
r3.gif);}
    .content-mid32{width:50px;height:600px;background-image:url(images/
r2-2.gif);}
```

```
    /*---左下角、右下角和下边框线--*/
    .content-foot1{width:30px;height:88px;float:left;background-image:
url(images/bt2-1.gif);}
    .content-foot2{width:280px;height:88px;float:left;background-image:
url(images/bt2-2.gif);}
    .content-foot3{width:290px;height:88px;float:left;background-image:
url(images/bt2-3.gif);}
    .content-foot4{width:50px;height:88px;float:left;background-image:
url(images/r2-3.gif);}
```

2）右边栏方框内容区。右边栏方框内容区样式代码设计如下：

```
    .content-mid2{width:570px;height:650px;float:left;background-image:
url(images/cont.gif);  } /*-----主页右边框内容区-------*/
```

3）右方框布局源代码。在网页的源代码视图的 content 层中添加层布局边框背景，内容区部分添加布局元素<section>，引用样式，代码如下：

```
    <div class="upside1-2"></div>
    <div class="content-up1"></div>
    <div class="content-up2"></div>
    <div class="clearfloat"></div>
    <div class="content-mid1"></div>
    <section>
        <div class="content-mid2"></div>
    </section><!-----content-mid2结束-------->
    <div class="content-mid3">
    <div class="content-mid31"></div>
        <div class="content-mid32"></div>
    </div>
    <div class="clearfloat"></div>
    <section>
    <div class="content-foot1"></div>
    <div class="content-foot2">   </div>
    <div class="content-foot3"></div>
    <div class="content-foot4"></div>
    </section>
```

6. 主页框架效果

因为导航层和内容层还没有添加内容，添加框架层后的页面效果如图 10-11 所示。

图 10-11　添加框架层后的效果

子任务 10.2.5　导航制作

导航制作

根据如图 10-1 所示的效果，在 index.html 页面的源代码视图中的 nav 导航元素中添加新的层，新的层引用 menu 类样式，层中添加导航文字，文字设置链接，导航文字间添加间隔图片，代码如下：

```
    <div class="menu">
    <a href="index.html">首页</a><img src="images/line1.png"
width="2" height="25" />
    <a href="index1.html">唐诗</a><img src="images/line1.png"
width="2" height="25" />
    <a href="index2.html">宋词</a><img src="images/line1.png"
width="2" height="25" />
    <a href="index3.html">元曲</a><img src="images/line1.png"
width="2" height="25" />
    <a href="index4.html">汉赋</a>
    </div>
```

在 layout.css 样式表文件中添加类样式 menu，设定 menu 导航样式为向右浮动，右内边距为 80px，高度和行高均设置为 38px。添加 nav .menu a:link,nav .menu a:visited 导航文字链接样式和访问过后样式，设置字体字号等样式属性，添加.menu img 样式，设定导航间隔图片样式，代码如下：

```
    nav.menu{float:right;padding-right:80px;height:38px;line-height:
38px;}
    nav .menu a:link,nav .menu a:visited{font-size:20px;font-family:
黑体;color:#000; text-decoration:none;}
    nav.menu img{padding:0px 30px;height:18px;widht:2px;line-height:38px;}
```

完成后运行网页，效果如图 10-1 所示。

子任务 10.2.6　主页内容区内容制作

主页内容区内容制作

完成主页框架布局后，在相应的层中添加文字图片等网页元素，设置字体样式等，完成如图 10-12 所示效果制作步骤如下。

1）设置<header>标签内 banner 图标中的字体样式，使得文字在水平居中和垂直方向居中，代码如下：

```
    .style1{font-family: "微软雅黑","楷体","黑体";font-size:48px;line-
height: 230px;text-align:center;letter-spacing:30px;}
```

在引用 top2 类样式的层中添加层，并添加文字，代码如下：

```
    <div class="top2">
         <div class="style1">诗词曲赋</div>
    </div>
```

2）在引用 midside2-1 类样式的层中添加层，按效果图在层中添加文字，并设置文字样式。

3）在引用 midside2-2 类样式的层中添加层，按效果图在层中添加文字，并设置文字样式。

4）在引用 content-mid2 类样式的层中添加层，按效果图在层中添加文字，并设置文字样式。

完成后效果如图 10-12 所示。

图 10-12　主页效果

子任务 10.2.7　制作前端内容页“唐诗”页面

制作前端内容页（唐诗）

根据导航设置内容页的内容，内容页 1 设定为“唐诗”页面，页面效果如图 10-13 所示。

“唐诗”页面实现步骤如下。

1）新建网页文件，命名为 index1.html。

2）添加样式表文件的引用。在<head>标签内添加样式表文件 layout.css 和 stylesheet.css 样式表文件的引用，代码如下：

```
<link href="layout.css" rel="stylesheet" type="text/css" />
<link href="stylesheets.css" rel="stylesheet" type="text/css" />
```

3）添加容器层和导航层内容。在网页文件源代码视图的<body>标签中，添加容器层，引用 container 样式，在容器层中添加 10.2.5 节制作的导航 nav；参照首页的制作添加头部布局层<header>，在<header>层内的 top2 层中添加一个层引用 style1 类样式，层中添加页面对应的页面主题文字内容，这里为“唐诗”，如果在“宋词”页面，则层中文字内容为“宋词”，以此类推，代码如下：

```
<div class="container">
  <nav>
    <div class="menu">
     <a href="index.html">首页</a><img src="images/line1.png"
```

```
width="2" height="25" />
        <a href="index1.html">唐诗</a><img src="images/line1.png"
width="2" height="25" />
        <a href="index2.html">宋词</a><img src="images/line1.png"
width="2" height="25" />
        <a href="index3.html">元曲</a><img src="images/line1.png"
width="2" height="25" />
        <a href="index4.html">汉赋</a>
    </div>
      </nav><!-----nav结束--------->
    <header>
      <div class="top1"></div>
      <div class="top2">
        <div class="style1">唐诗</div>
      </div>
      <div class="top3"></div>
    </header>
    </div>
```

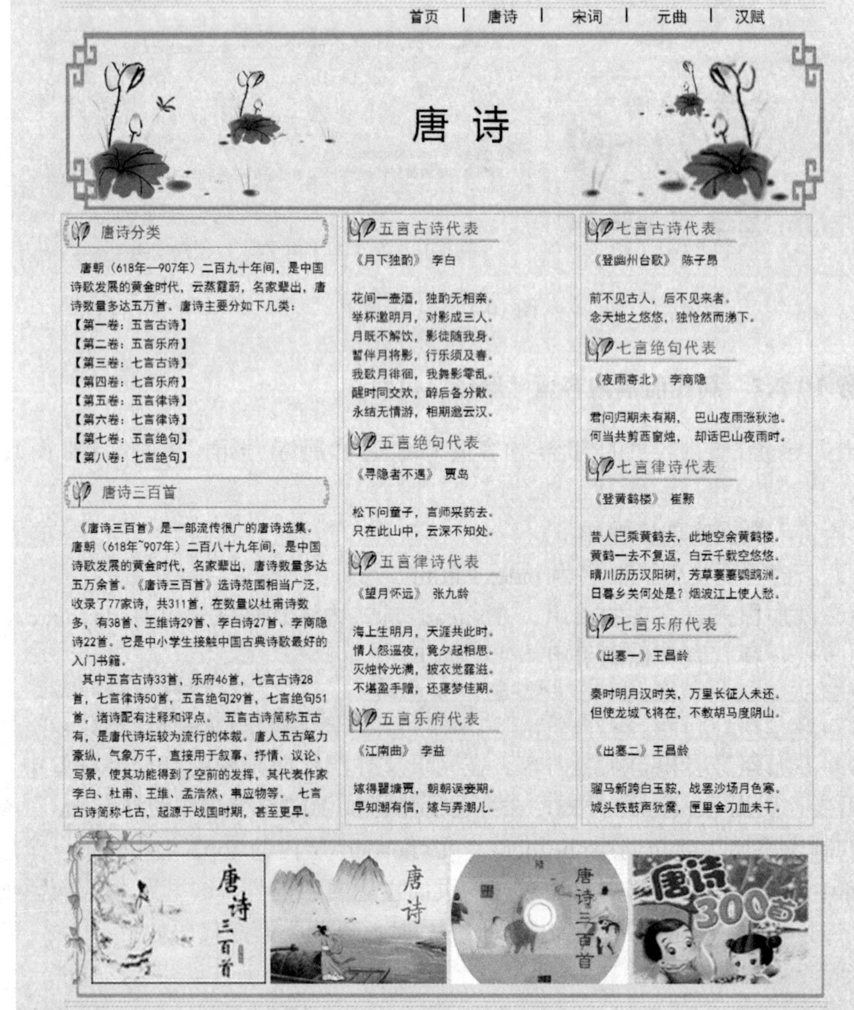

图 10-13 “唐诗”页面效果

4）添加清除浮动层。在</header>标签下添加层，引用 clearfloat 样式，代码如下：

```
<div class="clearfloat"></div>
```

5）间隔层样式制作。根据提供的图片素材，编写样式代码，完成如图 10-14 所示间隔层的制作，设计字体、字号、颜色和左内边距等属性，在 layout.css 文件中添加样式，代码如下：

```
.content-line2{ width:300px;background-image:url(images/bg21.jpg);
background-repeat:no-repeat;height:45px;font-family:"黑体";font-size:
20px;line-height:45px;color:#C33;padding-left:50px;}
.content-line4{ width:255px;background-image:url(images/up4.png);
background-repeat:no-repeat;height:35px;line-height:35px;font-family:
"黑体";font-size:20px;color:#C33;padding-left:40px;letter-spacing:
2px;margin-left:5px;}
```

（a）间隔层 1

（b）间隔层 2

图 10-14 间隔层

6）内容区制作。分析图 10-13 所示效果，中间内容区分三栏，每一栏带边框线组成，三栏样式分别设计为.sidebar-tang、.contentleft-tang 和.contentrigth-tang，每个样式添加颜色为浅灰色、2px 宽的实线，向左浮动，并设置每栏的宽度，在 layout.css 样式表文件中添加样式，代码如下：

```
.sidebar-tang{float:left;width:360px;border:2px solid #CCC;}
.contentleft-tang{float:left;widht:315px;border:2px solid #CCC;
margin:auto 5px;}
.contentrigth-tang{float:left;widht:315px;border:2px solid #CCC;}
```

在网页的源代码视图中步骤 4）的层下面添加三个布局层，在布局层中再分别添加 div 层，分别引用样式，代码如下：

```
<aside>
  <div class="sidebar-tang"></div>
</aside>
<article>
  <div class="contentleft-tang"></div>
</article>
<aside>
  <div class="contentrigth-tang"></div>
</aside>
```

在 stylesheets.css 样式表文件中添加文字样式，代码如下：

```
.font14{font-family:黑体;line-height:22px;font-size:14px;padding:
5px;}
.font16{font-family:黑体;line-height:24px;font-size:16px;padding:
10px;}
.font16red{font-family:黑体;line-height:24px;font-size:16px;color:
#C33;text-align:center;font-weight:bold;}
```

在添加的三个 div 内容层中按页面效果图分别添加文字、图片等网页元素，设置文字样式，完成内容区效果图制作。

7）图片展示层制作。图片展示层制作可参考主页效果图中左上方框的制作，四个角的样式代码与主页左上边框一样，新建样式，修改四个边框线和内容框样式的宽度和高度，在 layout.css 样式表文件中添加新建样式，代码如下：

```
/*------唐诗页图片框上边线----*/
.upside2-3{width:825px;height:30px;background-image:url(images/up2.gif);float: left;}
/*---------唐诗页左边框线、内容框、右边框线-------*/
.midside1_4{width:30px;height:165px; float:left;background-image:url(images/l1.gif); }
.midside2-3{width:950px;height:165px;float:left;}
.midside3-3{width:20px;height:165px;float:left;background-image:url(images/r1.gif);}
/*---------唐诗页下边框线-------*
.footside2-2{width:950px;height:20px;float:left;background-image:url(images/bt1-2.gif);}
```

在步骤 5）的内容框层下面添加层，并引用样式，代码如下：

```
<div class="clearfloat"></div>
<div class="upside1-1"></div><!--左上角---->
<div class="upside2-3"></div><!--上边框线---->
<div class="upside3"></div><!--右上角---->
<div class="clearfloat"></div>
<div class="midside1_4"></div><!--左边框线---->
<div class="midside2-3"></div><!--内容框---->
<div class="midside3-3"></div><!--右边框线---->
<div class="clearfloat"></div>
<div class="footside1-1"></div><!--左下角线---->
<div class="footside2-2"></div><!--下边框线---->
<div class="footside3-1"></div> <!--右下角线---->
```

在引用样式 midside2-3 的层中添加图片，设置图片样式，在 stylesheets.css 图片样式，代码如下：

```
.pic img{float:left;padding:0px 0px 0px 6px;}
```

在 index1.html 网页的引用样式 midside2-3 的层中添加布局层再添加 div 层，div 层引用 pic 样式，层中添加图片，代码如下：

```
<section>
  <div class="pic">
    <img src="pictures/tangshi1.jpg" width="230" height="164" />
    <img src="pictures/tangshi2.jpg" width="230" height="164" />
    <img src="pictures/tangshi3.jpg" width="230" height="164" />
    <img src="pictures/tangshi4.jpg" width="230" height="164" />
  </div>
</section>
```

8）页脚制作。根据效果图，页脚样式与 nav 导航元素样式，添加清除浮动效果层后新建层直接引用导航元素样式即可，代码如下：

```
<div class="clearfloat"> </div>
<footer><nav> </nav>  </footer>
```

子任务 10.2.8　制作前端内容页“宋词”页面

根据导航设置内容页的内容，内容页 2 设定为“宋词”页面，页面效果如图 10-15 所示。

制作前端内容页（宋词）

“宋词”页面实现步骤如下。

1）新建网页文件，命名为 index2.html。

2）同“唐诗”页面步骤 2）。

3）参考“唐诗”页面步骤 3）。

4）同“唐诗”页面步骤 4）。

5）内容区制作。由图 10-15 所示效果可以看到，内容区由左右两个大容器层组成，容器层设计了一个宽度为 2px 的细实线边框，两个容器层向左浮动，在 layout.css 样式表文件中定义容器层样式，代码如下：

```
    .sidebar-song{float:left; width:420px;border:2px solid #ccc;}
    .content-song{margin-left:5px;float:left;width:560px;border:2px
solid #ccc;}
```

在 index2.html 网页文件步骤 4）中添加布局层，然后再分别添加 div 层，分别引用.sidebar-song 和.content-song 类样式，代码如下：

```
<aside>
   <div class="sidebar-song"></div>
</aside>
<article>
   <div class="content-song"></div>
</article>
```

在 stylesheets.css 文件中添加一些文字图片样式，使得引用类样式.font14 和.font16 层中的图片向左浮动，实现图文环绕效果，代码如下：

```
.font14 img,.font16 img{float:left;padding-right:5px;}
```

分别在这 div 层中按页面效果图添加文字图片等网页元素，完成如图 10-15 所示效果。

6）同“唐诗”页面步骤 8）添加页脚代码。

子任务 10.2.9　制作前端内容页“元曲”页面

根据导航设置内容页的内容，内容页 3 设定为“元曲”页面，页面效果如图 10-16 所示。

制作前端内容页（元曲）

“元曲”页面实现步骤如下。

1）新建网页文件，命名为 index3.html。

2）同“唐诗”页面步骤 2）。

3）参考“唐诗”页面步骤 3）。

4）同“唐诗”页面步骤 4）。

5）内容区制作。分析如图 10-16 所示效果，页面内容区由左、中、右三栏组成，左右边栏方框大小相同，可修改主内容页中的左上方框而成。中间栏方框可修改主内容页的左下方框而成。在主内容左上方框和左下方框的基础上，添加新的边框样式。

首页 | 唐诗 | 宋词 | 元曲 | 汉赋

宋 词

名家介绍

苏轼

苏轼（1037年1月8日—1101年8月24日），字子瞻，又字和仲，号东坡居士，世称苏东坡、苏仙。汉族，北宋眉州眉山（今属四川省眉山市）人。

苏轼是宋代文学最高成就的代表，并在诗、词、散文、书、画等方面取得了很高的成就。其诗题材广阔，清新豪健，善用夸张比喻，独具风格，与黄庭坚并称“苏黄”。词开豪放一派，与辛弃疾同是豪放派代表，并称“苏辛”；其散文著述宏富，豪放自如，与欧阳修并称“欧苏”，为“唐宋八大家”之一。

欧阳修

欧阳修（1007—1073），字永叔，号醉翁，又号六一居士，汉族，吉安永丰（今属江西）人.自称庐陵（今永丰县沙溪人）。谥号文忠，世称欧阳文忠公，北宋卓越的文学家、史学家。

欧阳修在中国文学史上有重要的地位，他大力倡导诗文革新运动，改革了唐末到宋初的形式主义文风和诗风，取得了显著成绩。他荐拔和指导了王安石、曾巩、苏洵、苏轼、苏辙等散文家，对他们的散文创作发生过很大影响。

陆游

陆游（1125年—1210年），字务观，号放翁，汉族，越州山阴（今绍兴）人，南宋文学家、史学家、爱国诗人。

陆游一生笔耕不辍，诗词文俱有很高成就，其诗语言平易晓畅、章法整饬谨严，兼具李白的雄奇奔放与杜甫的沉郁悲凉，尤以饱含爱国热情对后世影响深远。陆游亦有史才，他的《南唐书》，“简核有法”，史评色彩鲜明，具有很高的史料价值。

范仲淹

范仲淹（989年8月29日—1052年5月20日），字希文，汉族，北宋著名的思想家、政治家、军事家、文学家。享年六十四岁，谥号文正，世称范文正公。

范仲淹不仅是北宋著名的政治家和军事家，还是一位卓越的文学家和教育家。作为宋学开山、士林领袖，他开风气之先，文章论议，必本儒宗仁义；并以其人格魅力言传身教，一生孜孜于传道授业。

李清照

李清照（1084年3月13日—1155年5月12日），号易安居士，汉族，齐州章丘（今山东章丘）人。宋代女词人，婉约词派代表，有“千古第一才女”之称。李清照出生于一个爱好文学艺术的士大夫的家庭。父亲李格非是济南历下人，进士出身，苏轼的学生，官至提点刑狱、礼部员外郎。李清照自幼生活在文学氛围十分浓厚的家庭里，耳濡目染，家学熏陶，加之聪慧颖悟，才华过人，所以“自少年便有诗名，才力华赡，逼近前辈”。

王安石

王安石（1021年12月18日—1086年5月21日），字介甫，号半山，谥文，封荆国公。世人又称王荆公。北宋抚州临川人（今江西省东乡县上池村人），中国历史上杰出的政治家、思想家、学者、诗人、文学家、改革家，唐宋八大家之一。北宋丞相、新党领袖。欧阳修称赞王安石：“翰林风月三千首，吏部文章二百年。老去自怜心尚在，后来谁与子争先。”传世文集有《王临川集》、《临川集拾遗》等。其诗文各体兼擅，词虽不多，但亦擅长，且有名作《桂枝香》等。而王荆公最得世人哄传之诗句莫过于〈泊船瓜洲〉中的“春风又绿江南岸，明月何时照我还。”

宋词赏析

宋词是中国古代文学皇冠上光辉夺目的一颗巨钻，在古代文学的阆苑里，她是一块芬芳绚丽的园圃。她以姹紫嫣红、千姿百态的丰神，与唐诗争奇，与元曲斗妍，历来与唐诗并称双绝，都代表一代文学之胜。远从《诗经》、《楚辞》及《汉魏六朝诗歌》里汲取营养，又为后来的明清对剧小说输送了有机成分。直到今天，她仍在陶冶着人们的情操，给我们带来很高的艺术享受。

念奴娇 · 赤壁怀古

【念奴娇 · 赤壁怀古】苏轼

大江东去.浪淘尽.千古风流人物。故垒西边.人道是、三国周郎赤壁。乱石穿空.惊涛拍岸.卷起千堆雪。 江山如画.一时多少豪杰。遥想公瑾当年.小乔初嫁了.雄姿英发。羽扇纶巾. 谈笑间、强虏灰飞烟灭。故国神游.多情应笑我.早生华发。 人生如梦.一樽还酹江月。

蝶恋花

【蝶恋花】柳永

伫倚危楼风细细.望极春愁.黯黯生天际。草色烟光残照里.无言谁会凭栏意。拟把疏狂图一醉.对酒当歌.强乐还无味。衣带渐宽终不悔.为伊消得人憔悴。

钗头凤

【钗头凤】际游

红酥手，黄縢酒，满城春色宫墙柳。东风恶，欢情薄。一怀愁绪，几年离索。错、错、错。 春如旧，人空瘦，泪痕红浥鲛绡透。桃花落，闲池阁。山盟虽在，锦书难托。莫、莫、莫！

蝶恋花

【蝶恋花 】欧阳修

庭院深深深几许，杨柳堆烟，帘幕无重数。玉勒雕鞍游冶处，楼高不见章台路。 雨横风狂三月暮，门掩黄昏，无计留春住。泪眼问花花不语，乱红飞过秋千去。

金陵怀古

【金陵怀古）】王安石

登临送目，正故国晚秋，天气初肃。千里澄江似练，翠峰如簇。归帆去棹残阳里，背西风，酒旗斜矗。彩舟云淡，星河鹭起，画图难足。

念往昔，繁华竞逐，叹门外楼头，悲恨相续。千古凭高对此，谩嗟荣辱。六朝旧事随流水，但寒烟衰草凝绿。至今商女，时时犹唱，后庭遗曲

声声慢

【声声慢】李清照

寻寻觅觅.冷冷清清.凄凄惨惨戚戚。 乍暖还寒时候.最难将息。 三杯两盏淡酒.怎敌他、晚来风急？雁过也.正伤心.却是旧时相识。 满地黄花堆积。憔悴损.如今有谁堪摘？守著窗儿、独自怎生得黑？梧桐更兼细雨.到黄昏、点点滴滴。 者次第.怎一个、愁字了得！

清平乐 · 村居

【清平乐 · 村居】辛弃疾

茅檐低小，溪上青青草。醉里吴音相媚好，白发谁家翁媪？大儿锄豆溪东，中儿正织鸡笼。最喜小儿亡赖，溪头卧剥莲蓬。

定风波

【定风波 · 次高左藏使君韵】黄庭坚

万里黔中一漏天，屋居终日似乘船。及至重阳天也霁，催醉，鬼门关外蜀江前。 莫笑老翁犹气岸，君看，几人黄菊上华颠？戏马台南追两谢，驰射，风流犹拍古人肩。

图 10-15 “宋词”页面效果

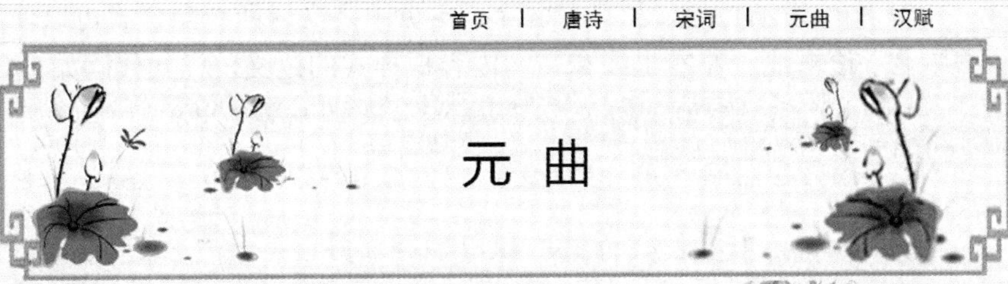

图 10-16　“元曲”页面效果

① 添加方框容器层，样式代码如下：

```
.sidebar-yuan{width:280px;float:left;} /*---左右框容器层------*/
.content-yuan{width:440px;float:left;} /*---中间框容器层------*/
```

在步骤 4 中添加布局层，然后再分别添加三个层，引用样式，代码如下：

```
<aside>
   <div class="sidebar-yuan"></div>  </aside>
<aside>
   <div class="content-yuan "></div> </aside>
<aside>
   <div class="sidebar-yuan"></div> </aside>
```

② 制作左右方框。左右方框除了主页中定义的四个角样式可以使用，另外再添加上下边框线、左右框线和中间内容框样式的定义，样式代码如下：

```
    .upside2-4{width:105px;height:30px;background-image:url(images/
up2.gif);float:left;}    /*----上边框---*/
    .midside1_5{height:870px;background-image:url(images/l2.gif);}
/*---左边框---*/
    .midside2-4{width:230px;height:1080px;float:left;background-image:
url(images/cont.gif);}/*----中间内容框---*/
    .midside3-4{width:20px;height:1080px;float:left;background-image:
url(images/r1.gif);}/*----右边框---*/
    .footside2-3{width:230px;height:20px;float:left;background-image:
url(images/bt1-2.gif);}/*----下边框---*/
```

进入网页文件源代码视图，在引用类样式 sidebar-yuan 的层中添加层并引用方框样式，代码如下：

```
    <div class="sidebar-yuan">
       <div class="upside1-1"></div>
       <div class="upside2-4"></div>
       <div class="upside3"></div>
       <div class="clearfloat"></div>
       <div class="midside11"><!----左边框线----->
           <div class="midside1_1"></div>
           <div class="midside1_5"></div>
       </div>
      <section>
        <div class="midside2-4"> </div> <!----内容框层----->
     </section>
       <div class="midside3-4"></div><!----右边框线----->
       <div class="clearfloat"></div>
       <div class="footside1-1"></div>
       <div class="footside2-3"></div>
       <div class="footside3-1"></div>
    </div>
```

③ 制作中间方框。中间方框可在主页面左下方框的基础上进行修改，添加上边框线、左右边框线、下边框线和中间内容框样式，样式代码如下：

```
    .upside2-5{width:390px;height:30px;background-image:url(images/
up2.gif);float:left;} <!----上边框线----->
    .midside1-5{width:30px;height:1080px;background-image:url(images/
l2.gif);float:left;} <!----左边框线----->
    .midside2-5{width:390px;height:1080px;float:left;background-image:
url(images/cont.gif);} <!----中间内容框----->
    .midside3-5{width:20px;height:1080px;float:left;background-image:
url(images/r1.gif);} <!----右边框线----->
    .footside2-4{width:390px;height:20px;float:left;background-image:
url(images/bt1-2.gif);} <!----下边框线----->
```

进入网页文件源代码视图，在引用类样式 content-yuan 的层中添加层并引用方框样式，代码如下：

```
    <div class="content-yuan">
       <div class="upside1-2"></div>
       <div class="upside2-5"></div>
       <div class="upside3"></div>
       <div class="clearfloat"></div>
       <div class="midside1-5"></div>
```

```
    <section>
      <div class="midside2-5"> </div><!--中间内容框--->
    </section>
      <div class="midside3-5"></div>
      <div class="clearfloat"></div>
      <div class="footside1-1"></div>
      <div class="footside2-4"></div>
      <div class="footside3-1"></div>
  </div>
```

④ 添加网页元素内容。根据如图 10-16 所示效果，在引用样式 midside2-4 的层中添加左右内容框内容，在引用样式 midside2-5 的层中添加中间框的网页元素，并引用相关的字体样式。

6）添加页脚元素。根据效果设置页脚样式，代码如下：

```
.foot1{background-image: url(images/foot1.jpg);height:10px; }
```

在网页源代码视图页面添加清除浮动层，添加页脚层，并引用页脚类样式，代码如下：

```
<div class="clearfloat"></div>
<footer><div class="foot1"></div></footer>
```

子任务 10.2.10　制作前端内容页“汉赋”页面

根据导航设置内容页的内容，内容页 4 设定为“汉赋”页面，页面效果如图 10-17 所示。

制作前端内容页——“汉赋”页面

“汉赋”页面实现步骤如下。

1）新建网页文件，命名为 index4.html。

2）同“唐诗”页面步骤 2）。

3）参考 “唐诗”页面步骤 3）。

4）同“唐诗”页面步骤 4）。

5）内容区制作。分析如图 10-17 所示效果，页面内容区由上、中、下三栏组成，上、下栏又分左右方框，上、下栏中的左右方框可参考如图 10-15 所示“宋词”页面效果图中的方框进行设置，中间部分的图片栏可参考如图 10-13 所示“唐诗”页面效果图中的图片层进行设计，设计步骤如下。

① 上、下栏的左右方框样式设计。设计左右方框的宽度高度，方框线为 2px 灰色实线，向左浮动，样式代码如下：

```
    .sidebar-han{ float: left; width: 400px; border: 2px solid #ccc;
height:550px;}  /*--左框样式-----*/
    .content-han{ margin-left:5px; float: left;  width: 580px;border:
2px solid #ccc; height:550px;  }  /*--右框样式-----*/
```

② 中间图片框样式设计。中间框中，四个角和上下边线设计同唐诗页的图片框，重新设计左右边线和中间内容框样式，代码如下：

```
    .midside1_6{width:30px;height:200px;background-image:url(images/
l1.gif);float:left; } /*--左边框线样式-----*/
    .midside2-6{width:950px;height:200px;float:left; } /*--中间内容框
样式---*/
    .midside3-6{width:20px;height:200px;float:left;background-image:
url(images/r1.gif);} /*--右边框线样式-----*/
```

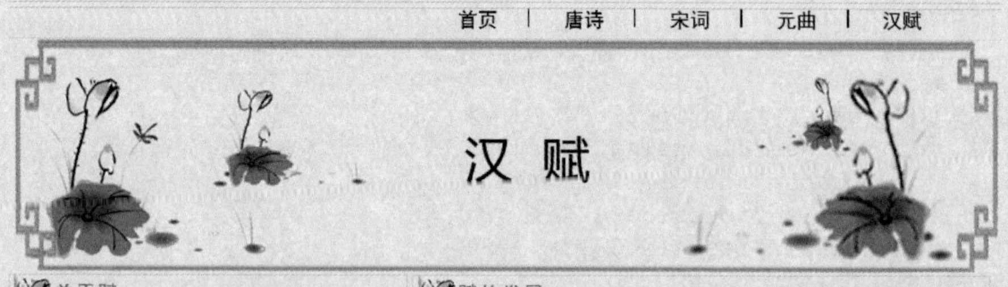

图 10-17　“汉赋”页面效果

③ 源代码添加。在网页源代码视图步骤 4）中添加布局层，然后再添加 div 层，并引用步骤 5）中设计的各样式，代码如下：

```
<aside>
   <div class="sidebar-han"></div>
</aside>  <!---上-左内容层结束-->
<aside>
   <div class="content-han"></div>
</aside>  <!---上-右内容层结束--->
   <div class="clearfloat"></div>
<session>
   <div class="upside1-1"></div><!----中间图片层开始------->
   <div class="upside2-3"></div>
   <div class="upside3"></div>
   <div class="clearfloat"></div>
   <div class="midside1_6"></div>
   <div class="midside2-6"> </div><!-----中间图片层内容框----->
   <div class="midside3-6"></div>
   <div class="clearfloat"></div>
   <div class="footside1-1"></div>
   <div class="footside2-2"></div>
   <div class="footside3-1"></div>
</session>  <!----中间图片层结束------>
<aside>
   <div class="sidebar-han"></div> <!---下-左内容层结束------>
</aside>
<aside>
   <div class="content-han"></div><!---下-右内容层结束----->
</aside>
```

④ 添加文字图片等网页元素。按图 10-17 所示效果，分别在左右框中添加文字图片等网页元素；在引用类样式 midside2-6 的层中添加四个图片，在 stylesheets.css 样式表文件中添加图片样式，代码如下：

```
.pic1 img{float:left;padding:0px 0px 0px 4px;}
```

引用类样式 midside2-6 的层中添加图片的代码如下：

```
<div class="pic1">
   <img src="pictures/汉赋.jpg" width="185" height="200" />
   <img src="pictures/神女赋1.jpg" width="185" height="200" />
   <img src="pictures/上林赋.jpg" width="185" height="200" />
   <img src="pictures/子虚赋.jpg" width="185" height="200" />
   <img src="pictures/吊屈原赋.jpg" width="185" height="200" />
</div>
```

6）同“元曲”页面的步骤 6 添加页脚元素，完成效果如图 10-17 所示。

任务10.3 测试与发布网站

任务描述：了解网站测试的必要性和测试的方式方法，了解网站上传及发布常用工具的使用。

子任务 10.3.1 网站的测试

网站在完成代码编写后，在发布到网络上之前，需要进行全面的测试，以发现可能存在的各种错误，测试合格后便可上传至网络服务器，供用户浏览。

网站测试包括功能测试、性能测试、可用性测试、兼容性测试和安全性测试等。许多第三方软件可提供对这些功能的测试，Dreamweaver CC 2019 也自带许多非常实用的测试功能，如链接测试、浏览器兼容性测试等。

1. 浏览器兼容性检测

有的时候，不同的浏览器对同一网站的显示效果是有一定差距的，作为网站设计者，这是一件十分棘手的事，需要让网站尽可能地满足不同浏览器使用者的需求，达到预期的效果。现在的网络浏览器市场中，各种浏览器层出不穷，要满足所有用户的需求是件几乎不可能办到的事，网站开发者需要做的是找到一个平衡点。一般来说，需要满足 IE6 及以上版本、Firefox 浏览器和谷歌浏览器等，将网站在不同版本的浏览器中运行测试，查看兼容效果。

2. 链接检测

链接是网站系统的重要特征之一，链接测试包括测试所链接的页面是否存在、测试页面链接的正确性、检测是否有没有链接到的页面等。单击图 10-18 所示 Dreamweaver CC 2019 的文件面板右侧的图标，在弹出的图 10-19 所示菜单中选择“站点”→“检查站点范围的链接”命令，弹出如图 10-20 所示的链接检查对话框，可以分别检查断掉的链接、外部链接和孤立的文件。

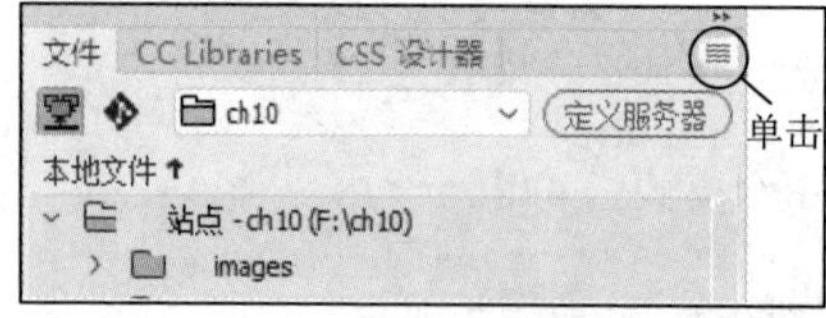

图 10-18　文件面板快捷菜单图标

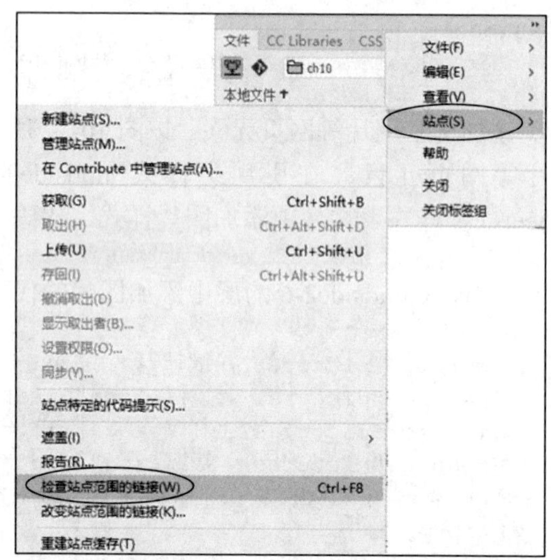

图 10-19　站点操作相关命令

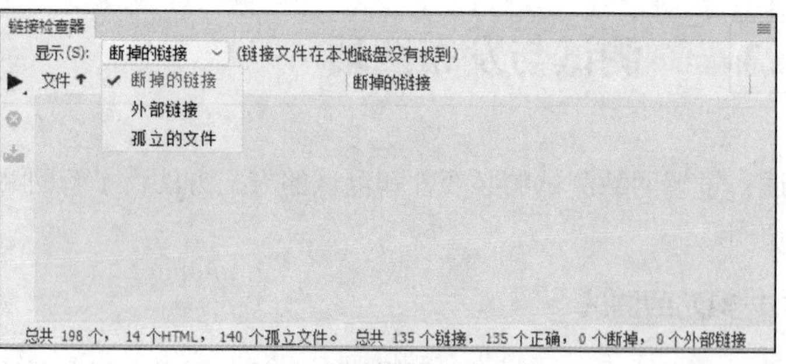

图 10-20　链接检查器

子任务 10.3.2 网站的上传发布

制作完成的网站需要上传到网络服务器上才能供用户浏览。首先要为网站申请域名和空间，然后配置好服务器，再将网站上传发布到服务器上，这样其他用户便可以通过浏览器浏览网站。上传网站可使用 Dreamweaver CC 2019 自带的上传工具完成。其他开发平台完成的网站，可以选择其他专业的上传工具完成，如 FlashFXP、CuteFTP 等。

1. 使用 Dreamweaver CC 2019 自带工具上传站点

使用 Dreamweaver CC 2019 自带工具上传站点步骤如下：

1）打开 Dreamweaver CC 2019 软件，选择“站点”→“管理站点”命令，弹出如图 10-21 所示的“管理站点”对话框。选择要上传的网站，单击图中的编辑按钮✎，弹出如图 10-22 所示的“站点设置对象”对话框。

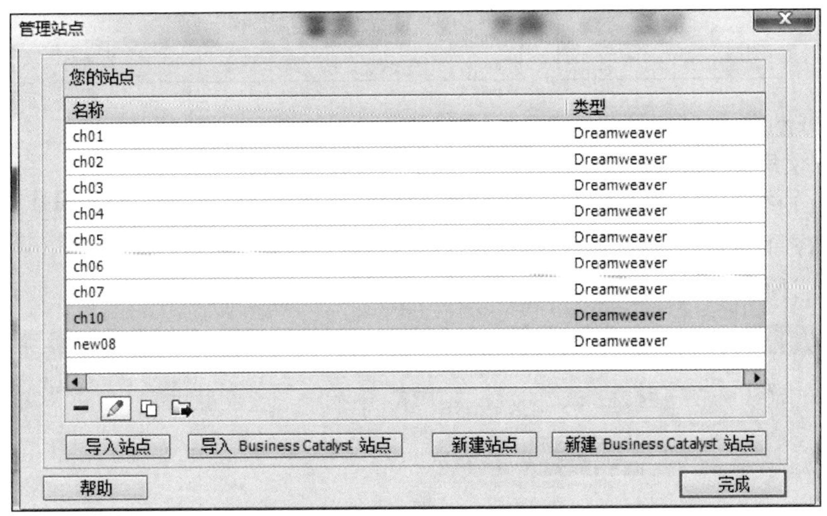

图 10-21 “管理站点”对话框

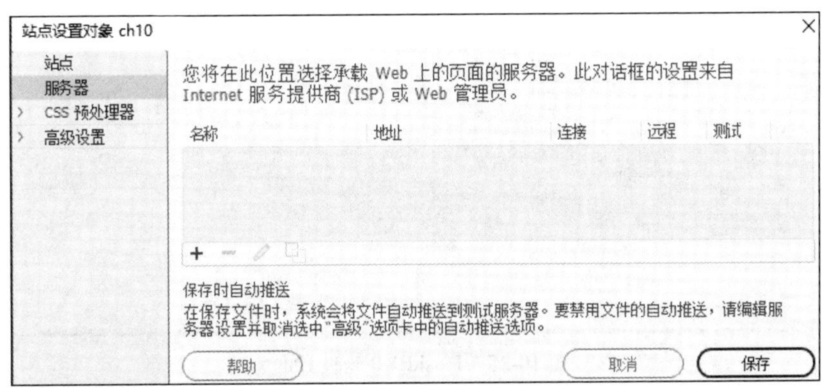

图 10-22 “站点设置对象”对话框

2）在“站点设置对象”对话框中选择左侧的“服务器”选项，单击右侧的“添加新服务器”按钮✚，在弹出的对话框中设置远端 FTP 服务器基本信息，如图 10-23 所示，在“连接方法”下拉列表框中选择“FTP”，在“FTP 地址”文本框中输入远程站点 IP 地址，在“用户名”和“密码”文本框中输入申请网站空间时设定的登录用户名和密码。

3）单击图 10-23 的“高级”按钮，进入图 10-24 所示对话框，选中“保存时自动将文件上传到服务器”复选框，然后单击“保存”按钮，完成网站的上传。

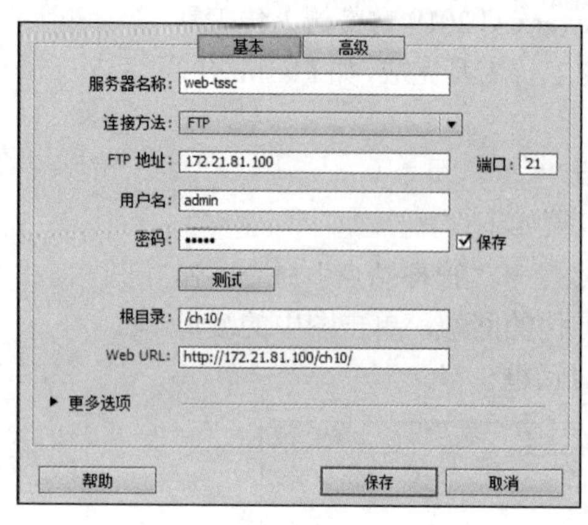

图 10-23 设置服务器信息

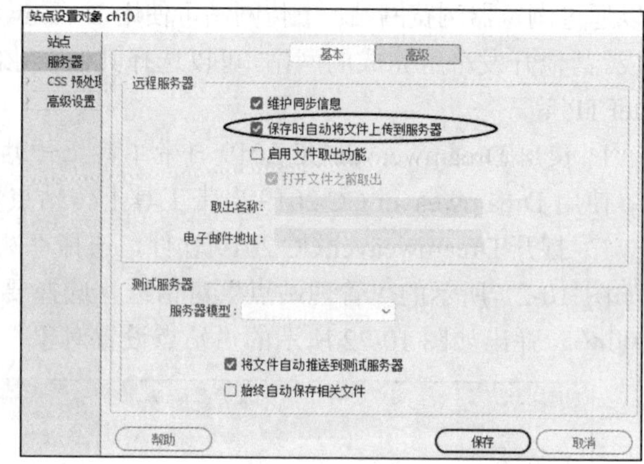

图 10-24 保存时自动上传到服务器

2. 使用 FlashFXP 上传文件

FlashFXP 是一款功能强大的 FTP 软件，功能全面，且操作简便快捷，使用 FlashFXP 上传网站的步骤如下。

1）打开 FlashFXP 软件，如图 10-25 所示。

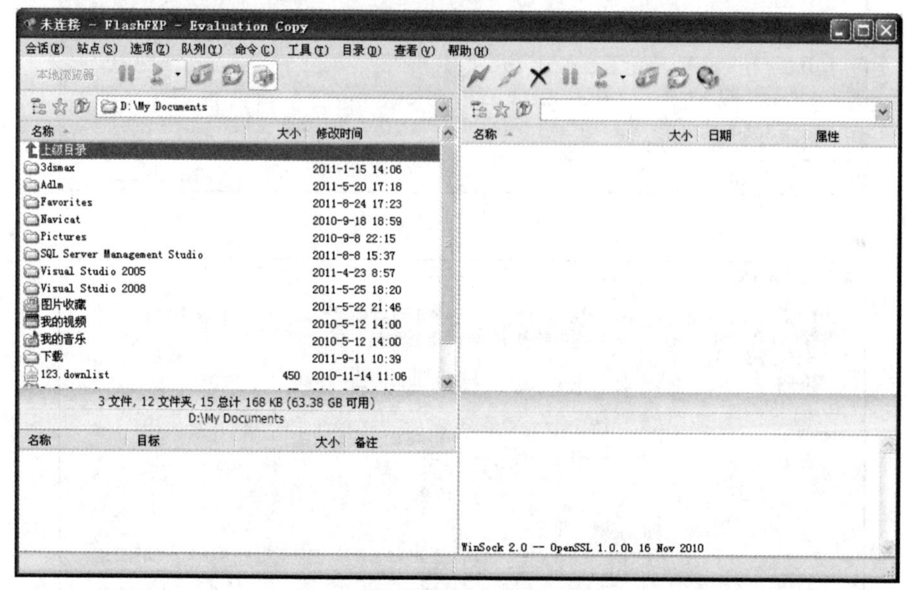

图 10-25 FlashFXP 软件界面

2）单击右侧窗口上方的“连接”按钮，选择“快速连接”，弹出“快速连接”对话框，如图 10-26 所示，在对话框中输入 FTP 地址、用户名和密码等信息后，单击“连接”按钮。连接成功后，右下方状态栏中将显示连接信息。

图 10-26 “快速连接”对话框

3）在左侧的文件窗口中找到网站文件所在的目录，选中需上传的文件，将文件拖曳到右侧窗口已连接的远程服务器中即可完成文件的上传。

上机实训

运用本项目介绍的网站制作和发布的知识，制作一个完整的静态网站，要求如下。

1. 使用 CSS3 样式制作边框代替本项目各个页面的边框效果。

2. 选择一个主题完成网站的制作。

网站整体要求如下。

1）网站主题健康，内容丰富。

2）网页整体色彩协调和谐，能让人产生一定的美感（可参考网上的网页模板）。

3）图片文字能体现网站主题，文字大小、行距、颜色设置合理，界面布局合理。

4）采用 CSS/CSS3+DIV（或 HMTL5 语义化布局标签）布局页面和制作导航，网页布局合理美观，能充分体现网站主题。

5）布局样式和内容样式采用外部样式(样式表文件控件在 2 个以内)。

6）网页页面总数不少于 5 个（包括 5 个），各个页面需有导航可互相访问，页面布局需要有图文混排结构、二列布局结构、三列布局等结构，每个页面的内容区的布局结构不能完全相同。

7）制作完成后需要完成浏览器兼容性测试和链接测试。

8）在条件允许的情况下，将网站上传到服务器运行。

9）网站设计规范要求如下。

- 主页命名规范：统一为 index.html。
- 图片放专门的图片文件夹中，图片文件夹以英文命名。
- 各网页文件和图片的命名要规范和可读性强。
- 提交的网站中不出现与网站无关的图片和文件等。

网站参考主题如下。

- 以立志、修身、博学、报国为主题的思政网站。
- 传统文化展示推广网站。
- 反映新科技、新产品、新技术或创新创业事迹的网站。
- 企业公司网站。

- 学校部门静态网站。
- 展示社团活动、先进文化艺术等内容的网站。

网站参考评分标准如下。

1）主题和内容（20 分）。页面内容丰富、健康，能体现主题内容；不能出现与精神文明、道德文化相悖的图片或文字。

2）页面设计（60 分+5 分）。

- 不少于 5 个页面，使用 CSS/CSS3+DIV（或 HMTL5 语义化布局标签）布局页面，每个页面内容区的布局不完全相同。（30 分）
- 导航、链接设计美观、合理，能正确跳转。（10 分）
- 整个网站只允许建立 1~2 个外部样式表文件（其中一个样式表文件作为页面布局专用），每个样式命名符合规范。（5 分）
- 文件名、图片名、文件夹等命名符合规范。（5 分）
- 能熟悉运用 Photoshop 和 CSS3 制作网页图片或动画效果，图片原创性强、浏览器能正确显示。（10 分）
- 能正确运用二级导航或图片播放器等，在页面中能体现脚本应用，则再附加 5 分。（附加分）

3）整体效果（20 分）。

- 色彩搭配合理，整体页面颜色搭配和谐，能体现主题色彩。（5 分）
- 布局合理，内容页面整齐合理。（5 分）
- 视觉清新，字体大小、行距设置合理，各字体清晰可见。（5 分）
- 页面有一定的动感。（5 分）

混合式教学附录

案例 10-2 任务分工表

任务	主页框架制作
任务 1	创建网站、创建网页、创建样式表文件（注意命名规范），并在网页中添加样式文件的引用
任务 2	在网站中添加各类图片素材（分不同图片文件夹进行管理）（可从网站 http://jx.gdgm.cn/skills/wv/30764673 下载）
任务 3	在布局样式文件中添加：body 标签样式、容器层样式、导航样式、Banner 头部层样式，并在网页中添加相应的层，引用相关样式
任务 4	在网页文件中添加内容区的左侧容器和右侧容器层，并设置样式
任务 5	根据效果图，在左侧容器层中添加一个上方框效果
任务 6	根据效果图，在左侧容器层中添加一个下方框效果
任务 7	根据效果图，在右侧容器层中添加一个方框效果
任务 8	参考网页运行效果，完善并运行网页

其他页面制作可参考主页框架制作的任务分工进行分组练习。

交流讨论

1. 以一个电商网站、一个新闻门户网站和一个学校网站为例，具体说一说网站制作的流程？
2. 如果自己选一个主题来完成期末项目作品制作，您会选用什么配色方案？又该怎样设计构思？
3. 切图要注意些什么？
4. 一个简单的静态网站的基本框架要包括哪些？
5. 网站制作完成、准备发布前还要做些什么工作？
6. 您觉得本单元学习的重点和难点是什么？

单元测试

1. 下面（　　）样式设置是错误的。
   A. .style1{font-family:“黑体”；}
   B. .style1{font-size:20px；}
   C. .style1{font-color:#00ff00；}
   D. .style1{text-align: center;}
2. HTML 指的是（　　）。
   A. 超文本标记语言（Hyper Text Markup Language）
   B. 家庭工具标记语言（Home Tool Markup Language）
   C. 超链接和文本标记语言（Hyperlinks and Text Markup Language
   D. 超链接语言
3. 在下列的 HTML 语句中，（　　）可以产生超链接。
   A. <a url="http://www.w3school.com.cn">W3School.com.cn</a>
   B. <a href="http://www.w3school.com.cn">W3School</a>
   C. <a>http://www.w3school.com.cn</a>
   D. <a name="http://www.w3school.com.cn">W3School.com.cn</a>

4. 图片链接的写法（　　）是正确的。

A. <a href="index.html"><img src="molan.jpg" width="100" height="100" alt="兰花"/></a>

B. <a href="index.html"><img href="molan.jpg" width="100" height="100" alt="兰花"/></a>

C. <a href="index.html"><img url="molan.jpg" width="100" height="100" alt="兰花"/></a>

D. <a href="index.html"><img rel="molan.jpg" width="100" height="100" alt="兰花"/></a>

5. 关于段落的描述（　　）是正确的。

A. 按“<shift>+<Enter>”组合键可以得到标签为
分段标志，行距为正常行距。

B. 按回车键可进行分段，段与段的间距为 2 倍行距。

C. 可以设置 line-height:2.5；得到段落内 2.5 倍的行距。

D. 可以设置 line-height:150%；表示百分之 150 的行距。

6. 下面关于样式的描述，（　　）是正确的。

A. 内部样式定义在网页文件的头部标签内

B. 外部样式定义在单独的样式文件中。

C. 浏览器样式我们不能随便修改

D. html 内联样式定义在网页文件的头部

7. 下面关于样式的优先级别的描述，（　　）是正确的。

A.同名样式中，内部样式中定义的优先权大于外部样式文件中定义的同名样式

B. 相同优先级别的样式表中定义多个同名样式，按定义的先后顺序确定优先级别，先定义的优先级别低，后定义的优先级别高

C. 浏览器样式的优先级别是最高的

D. 各个样式表的优先级根据选择符确定，原则是应用范围越广的选择符级别越低，限制条件越多应用范围越小的选择符优先级别越高

学习自评与互评

序号	评价内容	重要性	个人自评	同学互评	教师评价
1	了解网站制作的基本流程、网站的基本构架	★★★			
2	网站图片素材处理和切图	★★★☆			
3	制作网站主页	★★★★★			
4	制作网站导航	★★★★☆			
5	制作网站内容页	★★★★☆			
6	网站的测试	★★★☆			
7	小组任务表现	★★★☆			
8	交流互动表现	★★★			
9	上机实训任务	★★★★			
10	单元测试	★★★☆			

参 考 文 献

SHEA D，等，2007. CSS 禅意花园. 陈黎夫，等译. 北京：人民邮电出版社.

MORRIS T F，2018. HTML5+CSS3 入门经典. 4 版. 周靖，译. 北京：清华大学出版社.

http://www.w3school.com.cn/html/. HTML 教程.

http://www.w3school.com.cn/xhtml/. XHTML 教程.

http://www.w3school.com.cn/css/. CSS 教程.

附录　拓展教学资源

一、导航样式

导航 1　导航 2　导航 3　导航 4　导航 5

导航 6　导航 7　导航 8　导航 9　导航 10

导航 11　导航 12　导航 13　导航 14　导航 15

二、图文播放器样式

图文播放器 1　图文播放器 2　图文播放器 3　图文播放器 4　图文播放器 5

图文播放器 6　图文播放器 7　图文播放器 8　图文播放器 9　图文播放器 10

图文播放器 11　图文播放器 12　图文播放器 13　图文播放器 14　图文播放器 15

图文播放器 16　图文播放器 17　图文播放器 18　图文播放器 19　图文播放器 20

三、网页版面样式

网页版面 1　网页版面 2　网页版面 3　网页版面 4　网页版面 5

网页版面 6　网页版面 7　网页版面 8　网页版面 9　网页版面 10

网页版面 11　网页版面 12　网页版面 13　网页版面 14　网页版面 15

四、网页设计作品

奔跑吧青春　茶道　茶文化　潮之美　春节

感恩节　古典文化　古典音乐　古风　古诗文网

关于轮滑　广州恒大介绍　广州介绍　环保宣传　篮球乐园

旅游-在路上　千年古茶　食在广州　世界客都梅州　书法网

水果养生　星韵口琴网　羽毛球协会　中国节日　意念工坊公司